绘设计

建筑快题设计完全解析

王程林 编著

人民邮电出版社

北　京

图书在版编目（CIP）数据

建筑快题设计完全解析 / 王程林编著. -- 北京：
人民邮电出版社，2016.7（2017.7重印）
（绘设计）
ISBN 978-7-115-42312-2

Ⅰ. ①建… Ⅱ. ①王… Ⅲ. ①建筑设计－教材 Ⅳ.
①TU2

中国版本图书馆CIP数据核字(2016)第098742号

内 容 提 要

这是一本对建筑快题设计进行全面解析的综合教程，以建筑快题设计方法为基础，以解决建筑快题设计难点为目标，以提升建筑设计水平为宗旨。本书知识系统、条理清晰，内容包括建筑快题设计概述、制图规范及图面表达、总平面图及场地设计原理、平面的设计原理、常考各类型建筑的一般要求、快题设计实战演练、建筑快题设计范例及评析 7 个方面的知识点。相信通过本书的学习，能够拓宽读者的设计思路，全面提升建筑快题设计方案表达和图面表现能力。

本书提供了与建筑快题设计相关的视频教学资源，读者可以通过扫描封底"资源下载"二维码了解获取方法。

本书适合建筑、园林景观等专业的学生和设计师阅读使用，也可以作为学校和培训机构的建筑快题设计考试教材。

◆ 编　著　王程林
　　责任编辑　张丹阳
　　责任印制　陈　犇
◆ 人民邮电出版社出版发行　　北京市丰台区成寿寺路 11 号
　　邮编　100164　电子邮件　315@ptpress.com.cn
　　网址　http://www.ptpress.com.cn
　　北京顺诚彩色印刷有限公司印刷
◆ 开本：787×1092　1/12
　　印张：16
　　字数：445 千字　　　　　　　　　　2016 年 7 月第 1 版
　　印数：2 501 – 4 000 册　　　　　　 2017 年 7 月北京第 2 次印刷

定价：78.00 元
读者服务热线：(010)81055410　印装质量热线：(010)81055316
反盗版热线：(010)81055315

前言

建筑学，从广义上来说，是研究建筑及其环境的学科。在通常情况下，以及按其作为外来语所对应的词语（由欧洲传至日本再至中国）的本义，它更多是指与建筑设计和建造相关的艺术和技术的综合。因此，建筑学是一门横跨工程技术和人文艺术的学科。建筑学所涉及的建筑艺术和建筑技术，以及作为实用艺术的建筑艺术所包括的美学的一面和实用的一面，它们虽有明确的不同但又密切联系，并且其分量随具体情况和建筑物的不同而大不相同。

学生阶段应获得以下几方面的知识和能力。

第一，具有较扎实的自然科学基础、较好的人文社会科学基础和外语语言综合能力。

第二，掌握建筑设计的基本原理和方法，具有独立进行建筑设计和用多种方式表达设计意图的能力，以及具有初步的计算机文字、图形、数据的处理能力。

第三，了解中外建筑历史的发展规律，掌握人的生理、心理、行为与建筑环境的关系，与建筑有关的经济知识、社会文化习俗、法律与法规的基本知识，以及建筑边缘学科与交叉学科的相关知识。

第四，初步掌握建筑结构及建筑设备体系与建筑的安全、经济、适用、美观的关系，建筑构造的原理与方法，常用建筑材料及新材料的性能。具有合理选用和一定的综合应用能力，并具有一定的多工种间组织协调能力。

第五，具有项目前期策划、建筑设计方案和建筑施工图绘制的能力，具有建筑美学的修养。

建筑学专业学习美术的目的并不是为了培养画家，而是为了培养学生对形体和空间的感受能力，及感受后的表达能力和眼脑手的协调能力。同时对学生的基本功进行塑造。

总之，作为一名建筑专业的学生，要做到多练、多看、多思考、多体验。虽然建筑设计过程存在着不确定性和随机性，但是它同样存在着可以表述的内在规律。

快题设计，绝不仅仅是对一般设计的简化，而是对一般设计的高度概括和提炼，这需要学生具有对建筑设计本身的把握能力。本书通过对建筑快题学习方法、规范原理的总结，通过大量的实例分析，帮助读者找到作为快题设计可表述的内在规律。

本书仅仅是建筑快题设计的一块敲门砖，在学习的过程中切忌生搬硬套、照本宣科。希望通过本书的学习能帮助读者形成自己独立的设计思维，以找到设计的规律，形成自己独特的设计方法。

如果大家在学习的过程中遇到各种问题，可以加入"印象手绘（12225816）"读者交流群，在这里将为大家提供本书的"高清大图""疑难解答""学习资讯"，分享更多与手绘相关的学习方法和经验。本书所有的学习资源文件均可在线下载，扫描封底的"资源下载"二维码，关注我们的微信公众号即可获得资源文件下载方式。资源下载过程中如有疑问，可通过我们的在线客服或客服电话与我们联系。在学习的过程中，如果遇到问题，也欢迎读者与我们交流，我们将竭诚为读者服务。

读者可以通过以下方式来联系我们。

官方网站：www.iread360.com

客服邮箱：press@iread360.com

客服电话：028-69182687、028-69182657

王程林
2016年5月

目录

05 常考各类型建筑的一般要求 /039

建筑快题设计概述

1.1 | 认识快题设计

1.1.1 快题设计的定义

　　快题设计是指在一个很短的时间内，完成建筑设计从文字要求到图形的表达。在不同的领域要求也有所区别：工程上的快题设计注重可持续性研究；入学考试的快题设计主要考查应试者的设计能力、方案构思能力、基地分析能力、概括能力、创意能力、表达能力、深化能力和理性判断能力，从而反映出应试者在建筑设计方面有无培养的前途。快题设计是通常在建筑学研究生考试、建筑学博士生考试、设计院入职考试，以及国家一级注册建筑师职业考试中都会采取的一种考查学生设计能力和建筑素质的必选科目。

1.1.2 快题设计的特点

- 工作方式

  ⊙ **设计操作**：在给定设计任务书题目要求下，思考和解决任务书题目的一个过程。

  ⊙ **成果表达**：注重理性判断，设计成果的表达要概括且整体，设计意图表达要清晰，设计目标表达要明确。

- 快题题目的特点

  ⊙ **非特殊功能性建筑**：题目一般是平常的、常见的设计内容，如图书馆、幼儿园等。

  ⊙ **空间富于变化**：给定柱网限定的空间、夹缝空间、大空间与小空间相结合的空间等。

  ⊙ **题目易于发挥、可以创造**：如基地内有一条河或是一棵树、基地是三角形的、坡地地形、基地内有保留古建筑等。

  ⊙ **强调环境因素**：考虑建筑与环境的结合关系，包括城市机理、场地尺度、环境文脉等。

1.1.3 快题设计的注意事项

　　第1点，设计过程中应该步步为营，不要彻底否定原来的方案；第2点，以任务书为准，强调客观的正确性；第3点，以简单、熟悉的方法处理设计问题和设计表达；第4点，图纸要完整，符合规定要求，注意比例。

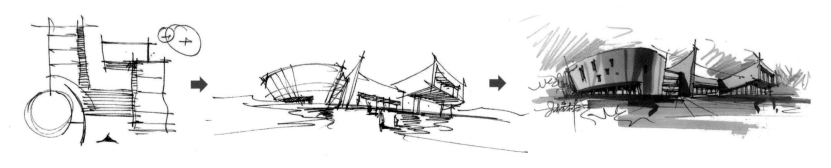

1.2 ┃ 快题设计的原则

⊙ **整体性原则：**图纸表达成果要清晰地反映出设计的特点和对设计的理解。这也是留给考官的第一印象，决定设计作品归属于哪一类档次。

⊙ **准确性原则：**建筑规模要与题目要求相符合，不能太夸张，不能有太大的出入。

⊙ **突显性原则：**图纸表达成果要体现一些亮点，线条采用徒手表现的方式更能打动人。

⊙ **完整性原则：**设计成果要符合题目要求，整体画面要交代清楚。

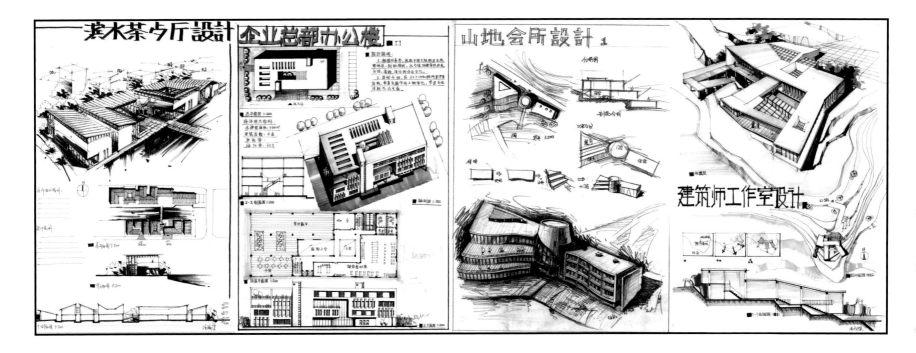

1.3 ┃ 快题设计的时间安排及各图比重

1.3.1 一般时间安排

方案设计为总时间的1/3；绘图与表达为总时间的1/2；调整与检查为总时间的1/6。

以8小时快速设计为例，按顺序为：方案设计90分钟；柱网轴线30分钟；首层平面40分钟；主立面30分钟；透视图120分钟以内；二、三层平面共40分钟；总图30分钟；次立面30分钟；两个剖面图共40分钟；机动时间30分钟。注意各段时间包括上色时间。

1.3.2 各图重要程度

在快题设计过程中，要先画出主立面图和透视图，因为除了首层平面以外，透视是最重要的，而画透视时又得先把主立面画出来。先把这几个最重要的画完，心理压力可以减少很多，剩下的时间再画那些相对次要的图。对于时间分配在方案训练的后期可以进行模拟练习。控制好时间，每画一个图就记下时间，到全套图完成以后，反思自己在哪些图的绘制上超时较多，有针对性地训练提高。

⊙ **各图重要程度：** 总平面图是快题设计中最重要的一部分，它反映出整个设计的场地设计、与环境的关系、与地形的切合度等。其次是透视图，它反映出快题设计的建筑性格、形体比例、尺度等。再次就是平面图，它反映出建筑设计最基本的功能分区、使用流线等基础问题。当然在不同的快题设计中各图的重要性不能一概而论，例如，有的设计是以剖面图作为设计的策略和出发点，那么剖面图则是这个设计最重要的一部分。

1.4 | 快题设计的评价标准

1.4.1 入学和招聘考试的一般衡量标准

⊙ **方案构思能力：** 整个建筑的立意和概念设计是方案中最重要的方面，它考查了应试者对整个题目的掌控能力。方案构思新颖能够提升整个快题评判的档次，是当下越来越被重视的部分。

⊙ **空间处理能力：** 主要考查平面设计的功能分区是否明显，流线是否合理，同时也考查了建筑与外部环境以及建筑内部空间的趣味性。

⊙ **设计表达能力：** 建筑设计初步完成后，下一步是如何将思路清晰地呈现在图纸上。好的图面表达自然、清晰，能够在众多考卷中吸引老师的注意，但如果表达能力不是特别出彩也不用担心，因为好的设计立意才是最重要的，表达的根本目的只是将自己的思路完整清晰地呈现在图纸上，以便别人对设计有一个明晰的认识。

1.4.2 注册建筑师考试标准

第1点，分区明确，避免不同功能房间之间的相互干扰。

第2点，空间紧凑，节约用地，避免产生不必要的资源浪费。

第3点，交通便捷，减少流线过长造成的麻烦。

第4点，满足规范以及相关技术应用合理是在日后设计实战中非常重要的部分。

制图规范及图面表达

2.1 | 构图原则

⊙ **对位原则：** 为了提高绘图速度，在排版的时候可以利用上下左右的对位排版作为相互的参考，提高作图速度。

⊙ **扬长避短原则：** 如果最擅长的是效果图表达，就可以把效果图放在最重要的位置，尽可能放大效果图；如果平面图设计和平面流线布置都很好，就可以将平面图摆放在最重要的位置。

⊙ **饱满原则：** 构图饱满指的是最终的图面效果不能过空或大面积留白。

⊙ **快题感原则：** 在绘图上要尽可能利用一些具有快速表现特征的表现技法。

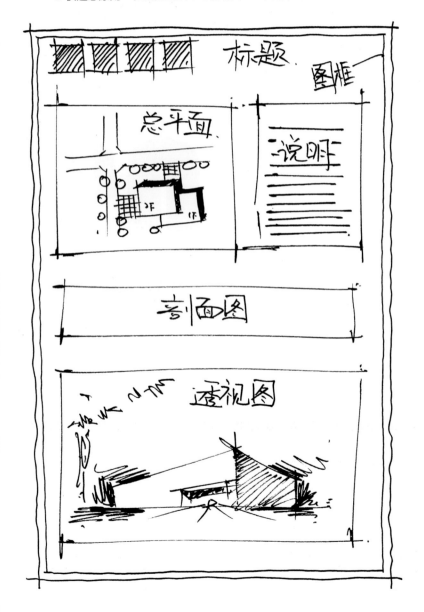
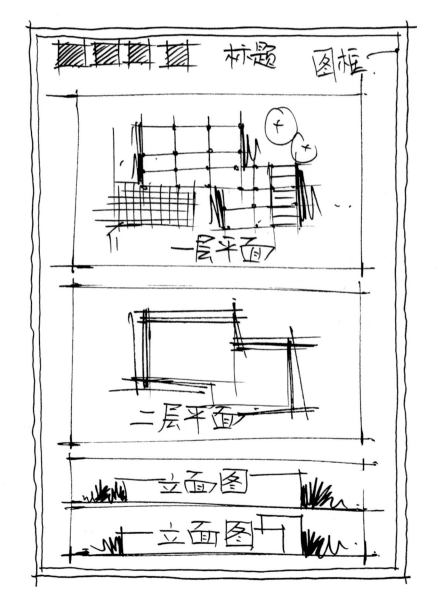

2.2 ┃ 制图规范

2.2.1 各层平面制图规范

• 平面图的考点

　　第1点，功能分区合理。对于公共类建筑要注意公共业务区、内部管理区、后勤服务区的分区合理；对于住宅类建筑要注意动静分区、干湿分区、洁污分区。

　　第2点，交通流线顺畅。对于水平交通要注意交通的聚散和交通节点要安排适当；对于垂直交通要注意电梯、楼梯、坡道的合理安排。

　　第3点，模数关系要合理清晰。各层要对得上；各种结构要了解（快题多用框架结构）。

2.2.2 立面制图规范

• 立面图的考点

　　第1点，立面图主要是表明建筑外立面的形状，以及与其他立面的关系。要仔细刻画门窗，交代清楚门窗在建筑外立面的位置、形状和开启方向等。

　　第2点，交代清楚建筑外立面的材料应用，如石头、木头等。

　　第3点，立面图也可以表示一下室外配景，如花坛、草坪和大树等。

　　第4点，立面图很注重投影的表现，因为不同长度的投影线可以表现出建筑体块的前后关系。

• 立面图表现的注意事项

⊙ **命名：**命名的方式主要有三种。按建筑各面的朝向命名，如东立面、西立面等；按建筑外貌特征命名，如正立面、背立面和左侧立面等；按平面图中的数字或者字母命名，如1-1剖面图、A-A剖面图等。无论选择哪种命名方式都要保证整幅图的命名方式统一。

⊙ **立面图的用线：**立面图的外轮廓线用粗实线表示；室外地平线用1.4倍的外轮廓加粗实线表示；其他部分用细实线表示。

• 平面图表达顺序

　　平面图快速表达顺序：轴线→开门→墙线→开窗→填墙。

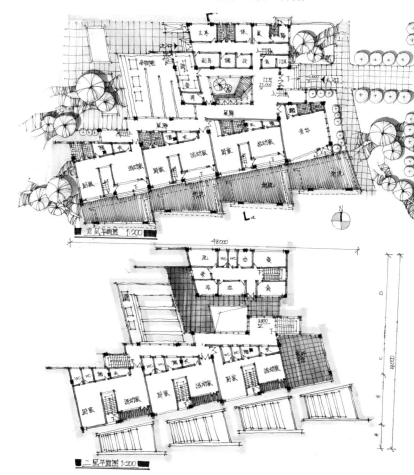

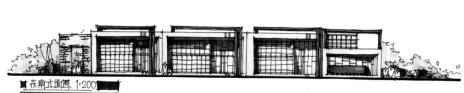

2.2.3 剖面图制图规范

- 剖面图的考点

　　第1点，表明建筑物竖向空间的布置情况。

　　第2点，表明建筑物被剖切部位的高度，各层梁板的具体位置以及墙、柱的关系，屋顶结构形式等。

　　第3点，表明在此剖面内垂直方向室内、室外各部位构造尺寸，如室内净高、楼层结构、楼面构造及各层厚度尺寸等。

- 剖面图表现的注意事项

　⊙ **剖切位置：**常取楼梯间、门窗洞口及构造比较复杂的典型部分。

　⊙ **名称标注：**剖面图的标注名称必须与底层平面图上所标的剖切位置和剖视方向一致。

　⊙ **剖面图的用线：**被剖切到的墙、梁、板、柱等轮廓线用粗实线表示，在板、梁上涂黑色。板的厚度在表示上是梁厚度的1/2。没有剖切到但可见的地方用细实线表示。

　⊙ **标高的具体内容：**室内首层地平标高、室外地平标高、门洞口标高、窗台标高、雨篷底面标高、檐口标高和女儿墙标高。

　⊙ **剖面图中其他常见问题：**剖面图所用的比例应与立面图的比例保持一致；剖面图中一般不画材料图例。

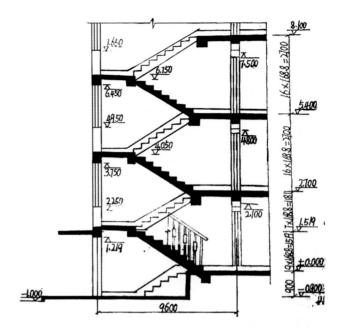

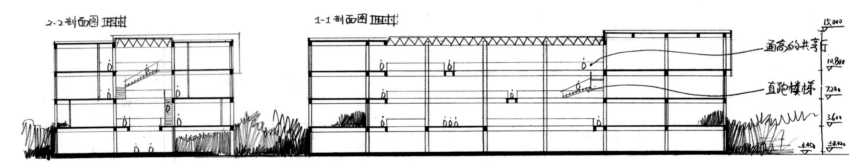

2.2.4 经济技术指标详解

　⊙ **建筑面积：**建筑面积也称建筑展开面积，它是指住宅建筑外墙勒脚以上外围水平面测定的各层平面面积之和。

　⊙ **基地面积：**建筑基地面积是指建筑物接触地面的自然层建筑外墙或结构外围水平投影的面积。

　⊙ **容积率：**建筑容积率简称容积率，又称地积比率，是指总建筑面积与建筑用地面积的比值。

　⊙ **建筑密度：**建筑密度指在一定范围内，建筑物的基地面积总和与占用地面积的比例（％），是指建筑物的覆盖率，具体指项目用地范围内所有建筑的基地总面积与规划建设用地面积之比（％），它可以反映出一定用地范围内的空地率和建筑密集程度。

　⊙ **绿地率：**绿地率描述的是居住区用地范围内各类绿地的总和与居住区用地的比率（％）。

　⊙ **建筑物体型系数：**建筑物体型系数是指建筑物与室外大气接触的外表面积与其所包围的体积的比值。

2.3 ▌ 效果图表达

2.3.1 透视图

　　透视图是以人的眼睛为投影中心，在人与建筑物之间设立一个透明的铅垂面K作为投影面，人的视线（投射线）透过投影面而与投影面相交所得的图形，称为透视图，或称为透视投影。即人们透过一个平面来观察物体时，由观看者的视线与该面相交而成的图形。此时，投影中心称为视点，投影线称为视线，投影面称为画面。如果把视点抬高，地面画得很多，把握不好会失真，因此建议把视点降低，地面画少一点。

2.3.2 鸟瞰图

　　鸟瞰图就像从高处鸟瞰制图区，比平面图更有真实感。视线与水平线有一定俯角，图上各要素一般都根据透视投影规则来描绘，鸟瞰图能够更加清晰地表达出体块之间的相互关系以及建筑与基地环境的结合。其特点为近大远小，近明远暗。

　　鸟瞰图通常分为一点透视和两点透视，初期训练可以采用网格法将灭点定在图纸边缘进行绘制，后期熟练后可以假设灭点在图纸外，画出透视视角大小不同的效果图。

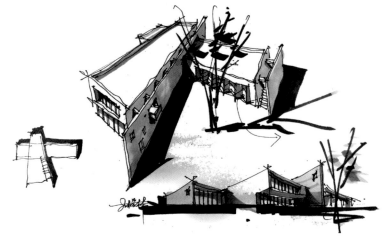

2.3.3 轴测图

　　用平行投影法将物体连同确定该物体的直角坐标系，一起沿不平行于任一坐标平面的方向投射到一个投影面上，所得到的图形，称作轴测图。

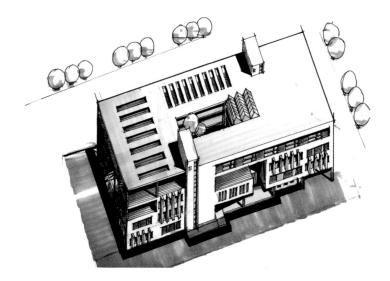

2.4 | 建筑外立面材质及配景的表达

2.4.1 玻璃材质

玻璃材质有通透性和反射性的特点，用BG3、BG5号马克笔表达明暗面时要注意玻璃反光质感的细节。

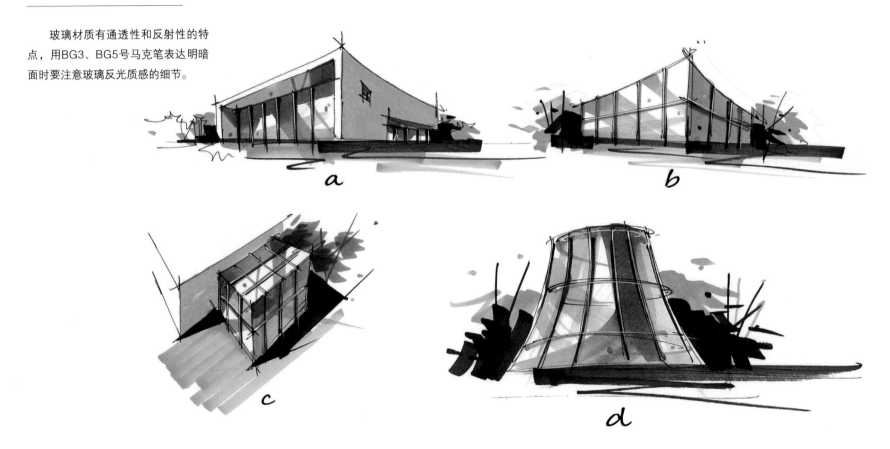

2.4.2 木格栅材质

木格栅是建筑设计中常用到的一种材质，它连续统一且光影变化丰富，在用马克笔表达时要注意光影的刻画。

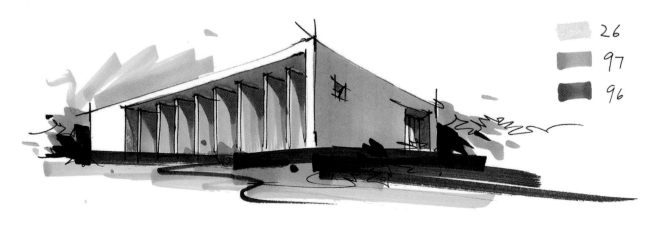

2.4.3 混凝土石墙

混凝土石墙是建筑中最常用的材质，表达时注意冷暖色马克笔的使用。

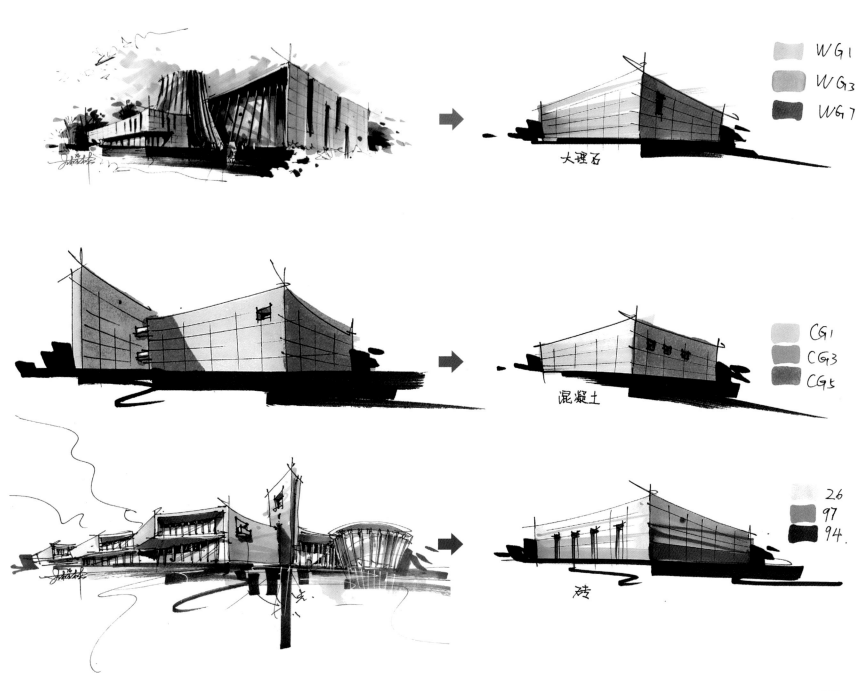

WG1
WG3
WG7

大理石

CG1
CG3
CG5

混凝土

26
97
94.

砖

2.4.4 建筑配景表达

配景不仅具有丰富画面的作用，而且更重要的是它可以反映建筑的尺度，同时它也是使画面构图保持平衡的重要处理手段。

2.5 ┃ 快速表现训练

2.5.1 快速表现的作用

　　快速表现不仅可以锻炼建筑师的线条透视等表达能力，更是积累建筑语汇最有效的方法。通过快速表现训练建筑师手脑并用的素质，把模糊的思维通过笔尖表达出来。

2.5.2 快速表现作品赏析

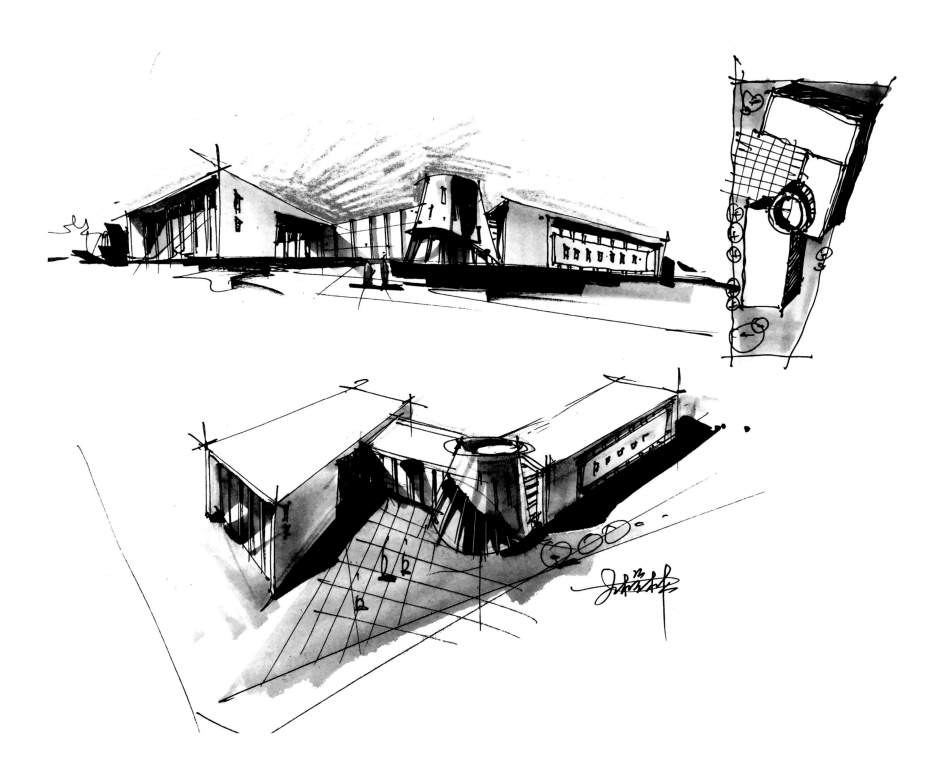

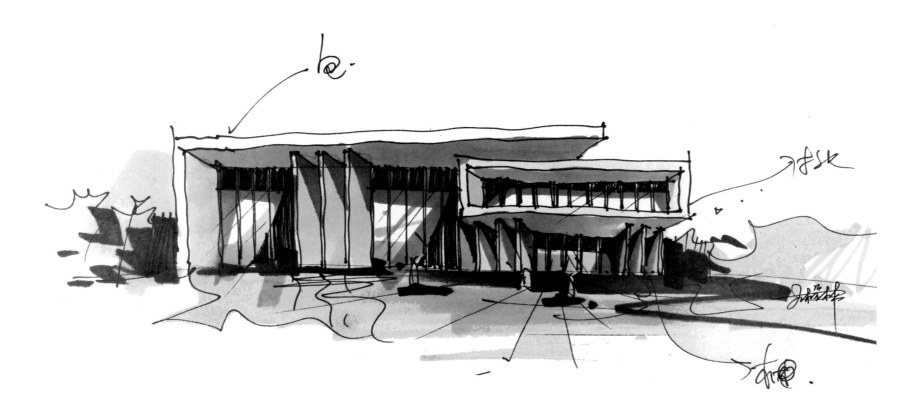

轴测图 1:300

总平面图及场地设计原理

3.1 | 总平面图的考点

总平面图主要考查学生对建筑用地的整体处理能力，表现在图纸上就是黎志涛老师所说的"图底关系"，"图"是指"建筑"，底是指"广场用地"与"绿化用地"，所以一个好的总平面图一定要处理好建筑与基地之间的关系。

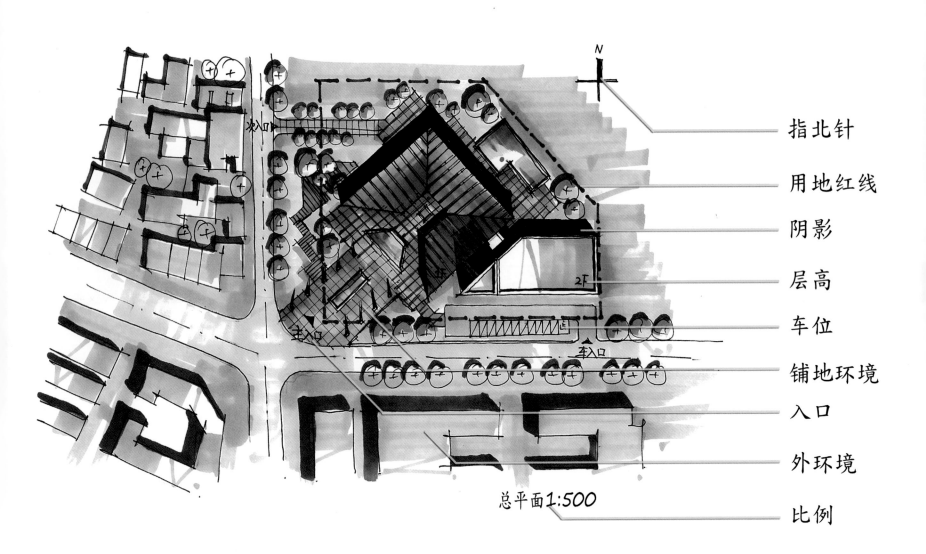

指北针

用地红线

阴影

层高

车位

铺地环境

入口

外环境

比例

3.2 ▎总平面图表现的注意事项

对基地内环境和基地外环境表达要清晰（绿化、交通、地形和水文特征等对设计有影响的场地因素都必须表达清楚），这样更具有位置说服力。

第1点，指北针标在图的左下角或者右下角，采用简练和熟悉的画法。

第2点，比例尺常用比例为1:500。

第3点，要用文字标注出各功能区、广场、停车场、用地红线、道路红线、后勤入口、主入口、自行车停车场、古树、遗址保护和河流等。

第4点，注意建筑物层数和阴影的表现，根据不同高度标示出投影的长短，根据不同的形状画出具体的投影轮廓。

第5点，交通系统的表现，包含主次出入口、车行、人行、车库入口、自行车停车场、汽车停车场、城市道路以及人行道等。

第6点，等高线是用来说明地形特征的，等高线一般要比建筑线弱，所以用虚线表示较好。

第7点，建筑外轮廓线要加粗（同立面图一样），女儿墙外线用加粗实线，内线用细实线。

第8点，地面铺装要有细节。

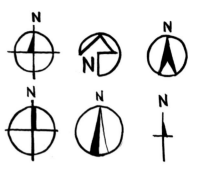

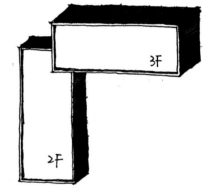

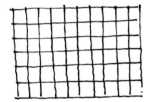 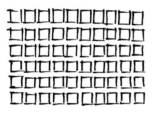  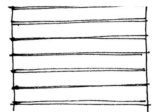

第9点，植物配景表现要注意比例尺度。两个一组、三个成团，孤植代表古树。

第10点，用红色点画线标出用地红线的位置

第11点，主次出入口的图示符号常用黑色三角表示。

第12点，屋顶刻画要深入。

第13点，注意地上停车场的大小、位置和回车场，以及地下停车场的出入口位置。

第14点，风向玫瑰图，从风向玫瑰图既可以看到地区内建筑物朝向，又可以知道本地段内的常年风向频率大小。风向玫瑰图折线的点离圆心的远近，表示从此点向圆心方向刮风的频率大小。风向玫瑰图中实线表示常年风，虚线表示夏季风。

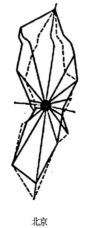

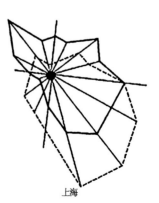

北京　　　　　　　上海

3.3 | 总平面图设计的入手角度

3.3.1 广场及道路设计

　　广场道路设计要考虑的三大要
素：主入口选取原则；入口广场设计；
场地内部道路设计。

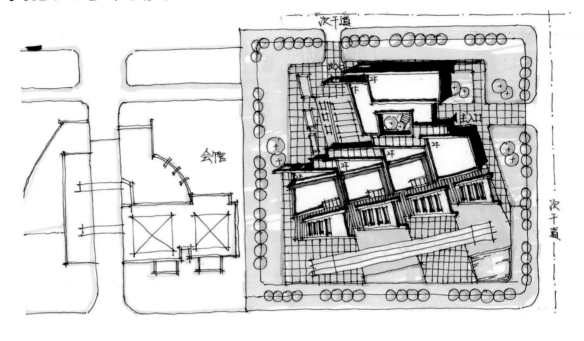

3.3.2 停车场及人车分流设计

　　停车场设计要考虑的三大要素：车行入口设计；停车场
布局；停车场与内部的交通联系。

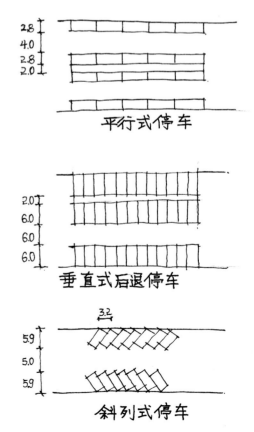

3.3.3 环境限制条件的应用与地形生成建筑平面形式

a. 湖水

b. 母题

c. 自然环境

d. 双轴线

e. 城市肌理

f. 古树

g. 轴线

h. 顺势

i. 对称

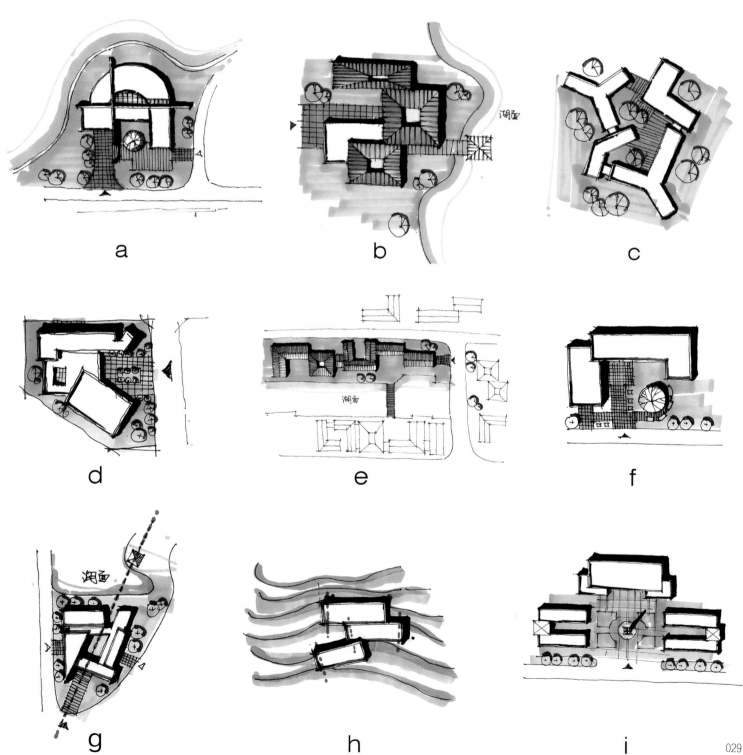

3.4 ┃ 优秀总平面场地设计解析

3.4.1 售楼处场地设计

⊙ **人车分流：** 针对售楼处而言，最主要的是面向城市干道，吸引外部人员进入，实现它的商业价值，所以将主入口放置在城市主干道上。将车行入口放置在小区道路上，并且距路口有一段距离，保证不会对主干道造成车流的压力。停车场规整、严谨，并且考虑了单向垂直停车需要回车场，以及道路的倒角处理，显得基本功扎实。

⊙ **建筑平面形式：** 该场地为一个直角梯形，会产生有夹角的两个垂直坐标体系，根据这两个轴线，生成垂直或平行的线条，再由这些线条生成建筑平面形式，保证了建筑与场地的切合与沿街立面的完整性。

⊙ **环境形式：** 环境依旧遵循于两个坐标体系，通过水池、绿地和木质铺地等不同材质的地景形式，填补场地与建筑之间的空白，使整个形式更加完整。

⊙ **建筑画法：** 建筑屋顶加入明暗面和材质肌理，能明显体现坡屋顶的形式，同时地面上的阴影，能体现出建筑物的立体感。

3.4.2 知青纪念馆场地设计

⊙ **流线序列：** 入口→目寄心期（看到纪念碑）→线性空间（室外空间序列的逐步展开）→中国传统的合院（新老建筑的围合）→到达纪念碑（展开空间序列的开始和结束）→出口。

⊙ **处理手法：** 通过水隔路径不隔视线；通过植物、片墙的"漏而不透"；通过室外空间序列的逐步展开；在有限空间内通过曲折的路径达到"壶中天地"的效果。

⊙ **设计亮点：** 纪念碑作为构图中心引起整个序列的展开，同时又很难到达，起到目寄心期的引导效果，纪念碑也作为整个流线的结束。

⊙ **建筑表现：** 新建筑与保留的旧建筑围合出庭院，通过围合的庭院连接新老建筑。同时围合的庭院也是展览的一部分，打破原有展览形式。新老建筑的联系，达到空间的融合，历史场景的再现。

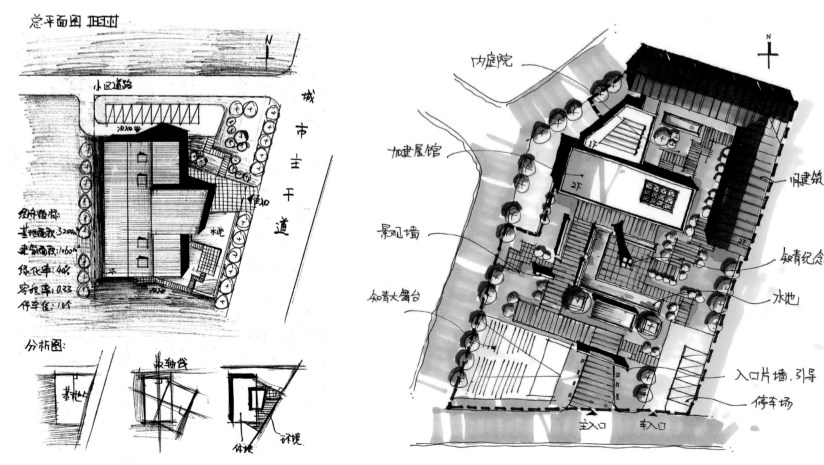

平面的设计原理

4.1 | 特殊空间节点

4.1.1 建筑入口的处理方式

⊙ **主入口表达考点：** 主入口标识、踏步台阶、室内外标高、残疾人坡道和入口硬质铺装等。

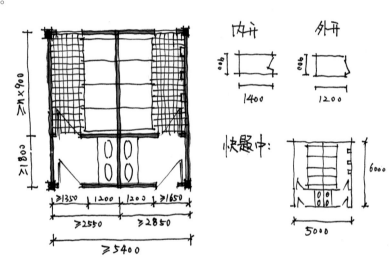

4.1.2 卫生间的处理方式

要注意卫生间在平面图中的位置、卫生间的数量、卫生间尺寸，以及残疾人无障碍设计。

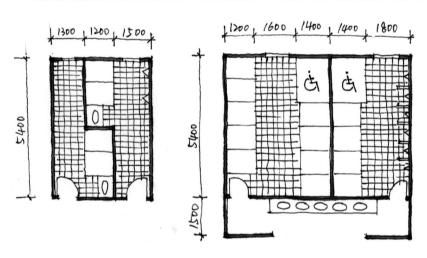

4.1.3 交通空间的处理方式

垂直交通布置要均匀、便捷。

⊙ **楼梯的位置：** 在入口处设置楼梯能起到分流引导的作用；在中庭处设置楼梯能起到联系内外的作用；在走道尽端处设置楼梯能起到消防疏散的作用；在功能区交接处设置楼梯能起到分隔空间的作用。

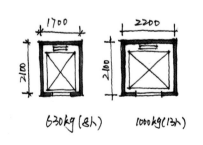

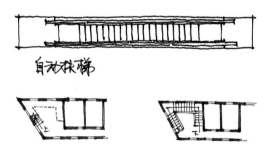

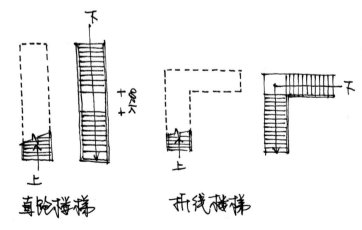

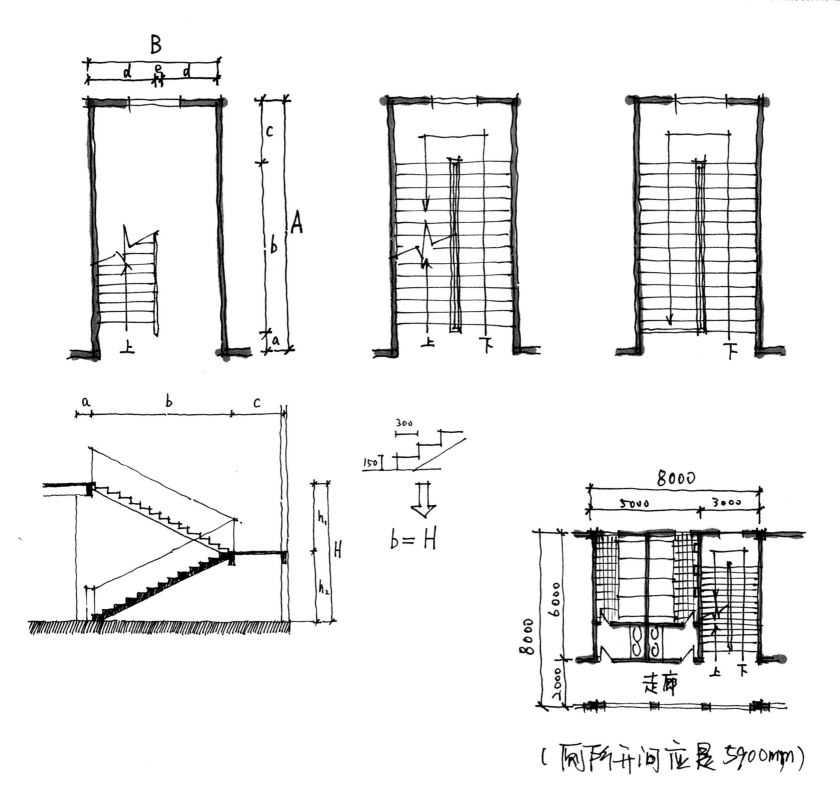

b = H

（厕所开间应是5900mm）

4.1.4 走廊、通高共享空间及缓冲空间的处理案例

　　一个成熟的平面设计要考虑不同功能、不同部分之间的组合，它们既相互独立而又有机联系。空间中要有主次之分，明确统帅空间和被统帅空间、服务型空间和被服务型空间，还要考虑动、静分区，私密性、开放性分区，结构分区，大小空间分区。一个好的平面设计不仅仅是使用上的合理便捷，还要有强烈的构成感。

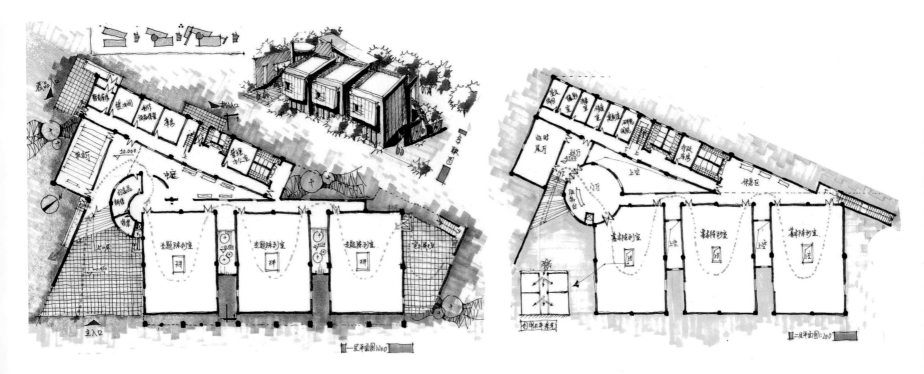

4.1.5 门厅的处理形式

　　门厅的作用是引导和分流。它是一个建筑平面各功能中级别最高的部分，是整个平面功能中具有统帅性功能的空间，其位置影响着交通组织方式，使人有停留的感觉。

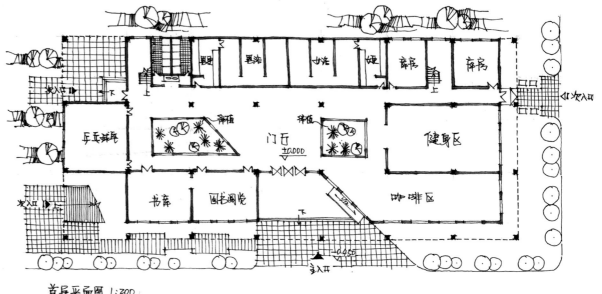

首层平面图 1:200

4.2 ▎ 平面形式

4.2.1 柱网

• 柱网布置原则

第1点，同一图中的柱子截面要设计成一样大。

第2点，柱网是框架柱在平面上纵横两个方向的排列。

第3点，柱网布置的任务是确定柱子的排列形式与柱距。

第4点，柱网布置的依据是满足建筑使用要求，同时考虑结构的合理性与施工的可行性。

第5点，在平面总体布置时，在满足使用和建筑造型要求的前提下，应努力做到使建筑物平面形状简单规则、均匀对称，尽可能使结构的刚度中心与水平力的合理作用点重合，以减少扭转效应。

第6点，在进行柱网布置和层高设计时，应尽可能减小开间、进深的类型，尽可能统一柱网和层高，重复使用标准层，以尽可能减少构件的种类、规格。这样做有利于结构设计、构件制作和现场施工。

第7点，在梁柱构件布置时，框架梁、柱轴线最好在同一平面内，尽量避免将梁置于柱截面的一侧，更不得将梁跨出柱截面。梁柱轴线偏心距离不得大于柱截面相应边长的0.25倍，即当建筑上要求砖墙贴外边布置时，梁宽至少为柱截面尺寸的一半。

第8点，避免"梁搭梁"的做法，避免"五梁交于一柱"的做法。

• 不同类型柱网布置案例

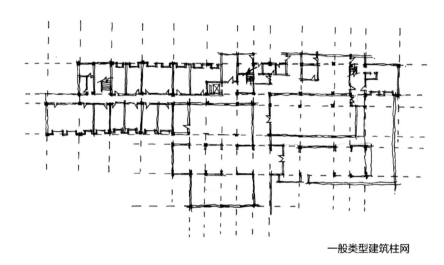

一般类型建筑柱网

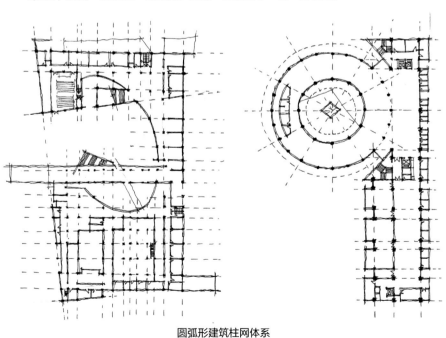

圆弧形建筑柱网体系

双轴线叠加柱网体系

4.2.2 各类平面形式表现

- 一字形

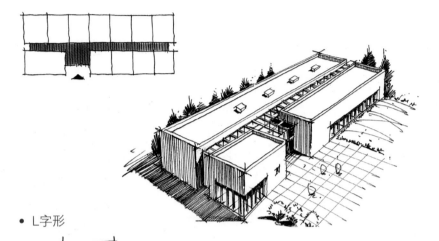

- L字形

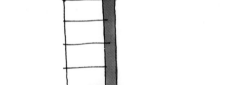

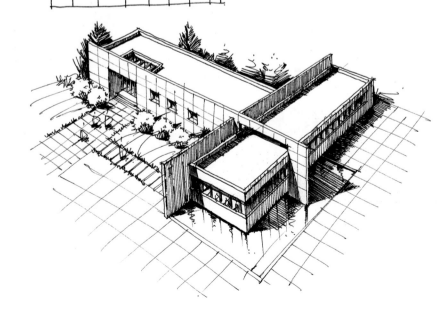

- H字形

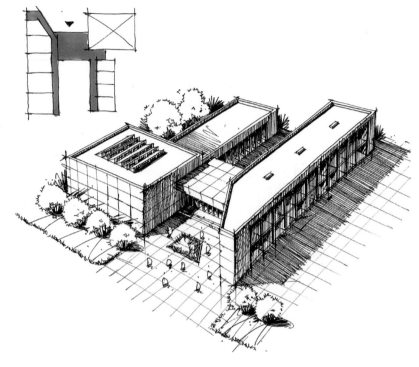

- 回字形

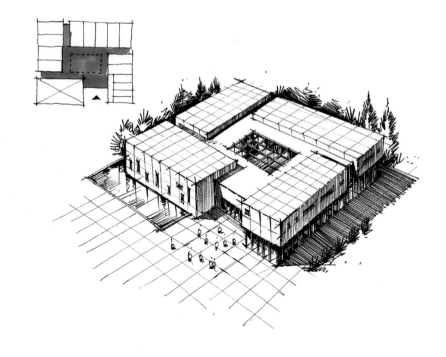

4.2.3 不同形式平面的组合图示

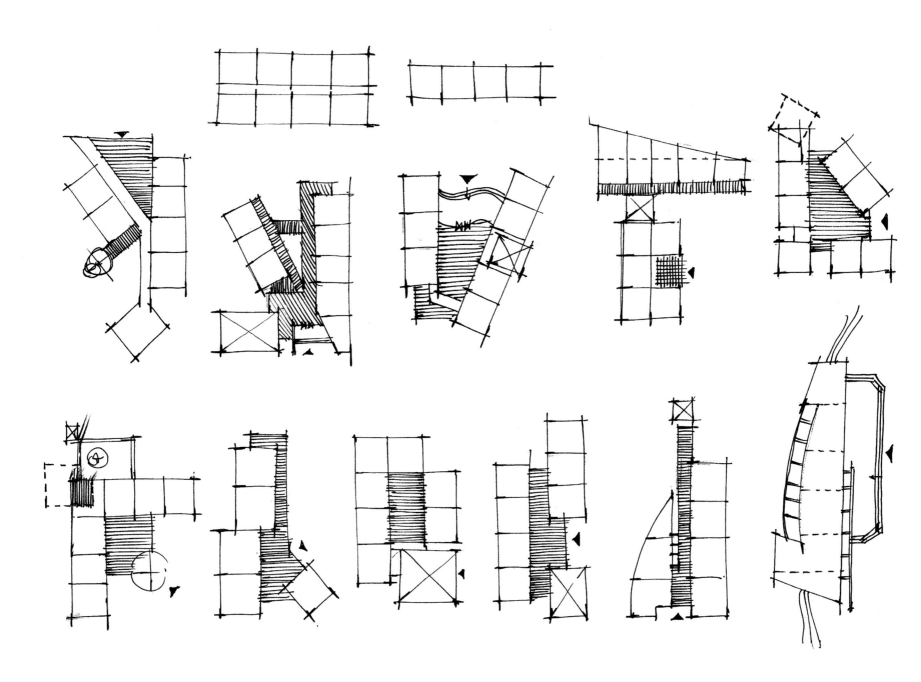

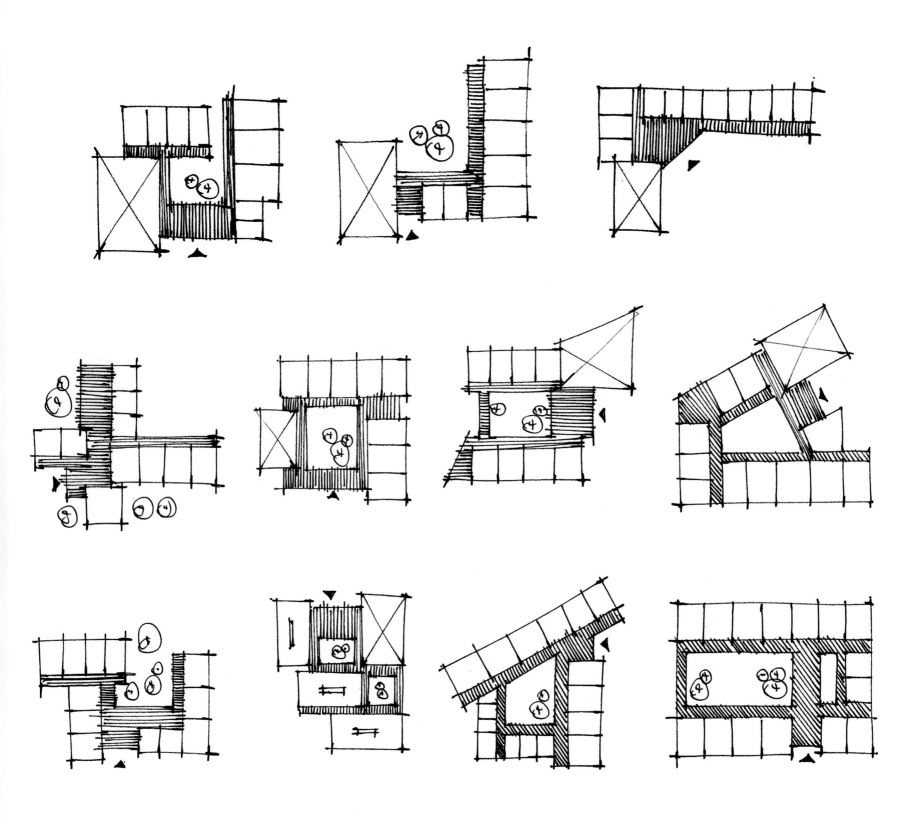

常考各类型建筑的一般要求

5.1 ｜ 幼儿园的设计要求

5.1.1 基地选择

第1点，4个班以上的幼儿园应有独立的建筑基地，并应根据城镇及工矿区的建设规划合理安排布点。幼儿园的规模在3个班以下时，也可将其设于居住建筑物的底层，但应有独立的出入口和相应的室外游戏场地及安全防护设施。

第2点，幼儿园的基地选择应满足下列要求。

①应远离各种污染源，并满足有关卫生防护标准的要求。

②方便家长接送，避免交通干扰。

③日照充足，场地干燥，排水通畅，环境优美或接近城市绿化地带。

④能为建筑功能分区、出入口、室外游戏场地的布置提供必要条件。

5.1.2 总平面设计

第1点，大中型幼儿园应设两个出入口。主入口供家长和幼儿进出，次入口通往杂物院。出入口的位置应根据道路和地形条件而定；出入口不应靠近城市道路交叉口；出入口宽度应不小于4m。

第2点，根据设计任务书的要求对建筑物、室外游戏场地、绿化用地及杂物院等进行总体布置，做到功能分区合理，方便管理，朝向适宜，游戏场地日照充足，设计符合幼儿生理、心理特点的环境空间。

第3点，幼儿园必须设置专门的室外游戏场地。除公共活动的游戏场地外，每个班也应有室外游戏场地。

第4点，幼儿园宜有集中的绿化用地，并严禁种植有毒、带刺的植物。

第5点，幼儿园宜在供应区内设置杂物院，并单独设置对外出入口。

第6点，基地边界、游戏场地、绿化等用的围护和遮拦设施，应安全、美观、通透。

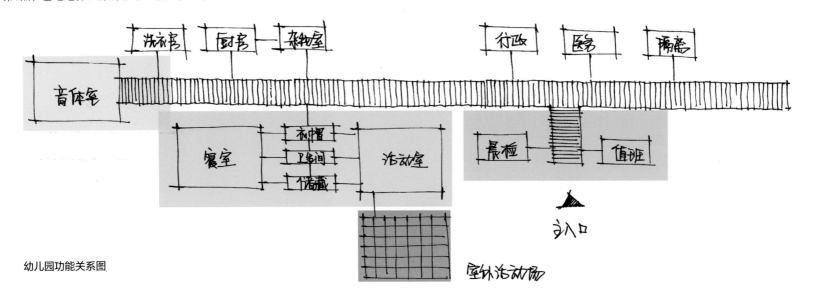

幼儿园功能关系图

5.1.3 各类用房的组成与要求

第1点，幼儿园的建筑热工设计应与地区气候相适应，并应符合《民用建筑热工设计规程》中的分区要求及有关规定。

第2点，幼儿园的生活用房必须按规定设置。服务、供应用房可按不同的规模进行设置。

①生活用房包括活动室、寝室、卫生间（包括厕所、盥洗、洗浴）、衣帽储藏室和音体活动室等。全日制幼儿园的活动室与寝室宜合并设置。

②服务用房包括医务保健室、隔离室、晨检室、教职工办公室、会议室、值班室（包括收发室）及教职工厕所、浴室等。

③供应用房包括厨房、消毒室、烧水间、洗衣房及库房等。

第3点，平面布置应功能分区明确，避免相互干扰，方便使用、管理，有利于交通疏散。

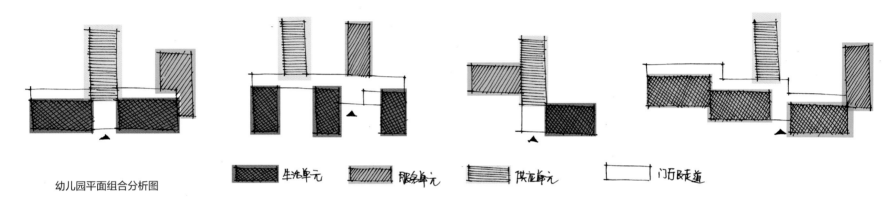

幼儿园平面组合分析图

第4点，严禁将幼儿生活用房设在地下室或半地下室。

第5点，幼儿园的生活用房应布置在当地最好日照方位，并满足冬至日底层满窗日照不少于3h（小时）的要求。温暖地区、炎热地区的生活用房应避免朝西，否则应设遮阳设施。

第6点，建筑侧窗采光的窗地面积之比，不应小于右表的规定。

窗地面积比

房间名称	窗地面积比
音体活动室，活动室，乳儿室	1/5
寝室，医务保健室，隔离室	1/6
其他房间	1/8

5.1.4 幼儿园生活用房

第1点，幼儿园生活用房面积不应小于下表的规定。

生活用房的最小使用面积（m²）

房间 \ 规模	大型	中型	小型	备注
活动室	50	50	50	指每班面积
寝室	50	50	50	指每班面积
卫生间	15	15	15	指每班面积
衣帽储藏室	9	9	9	指每班面积
音体活动室	150	120	90	指全园共用面积

第2点，生活用房的室内净高不应低于下表的规定。

生活用房室内净高（m）

房间名称	净高
活动室、寝室	2.80
音体活动室	3.60

第3点，幼儿园的活动室、寝室、卫生间、衣帽储藏室应设计成每班独立使用的生活单元。

第4点，全日制幼儿生活单元常用尺度如下图。

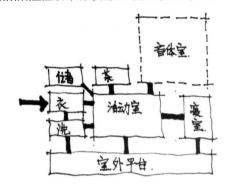

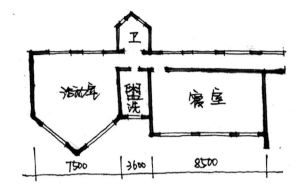

第5点，各生活单元的组合形式如下图。

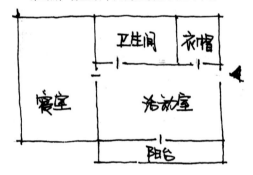

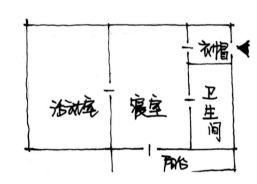

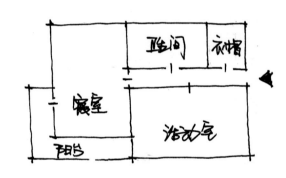

- 活动室

活动室即幼儿教室，是幼儿听课、作业、游戏和就餐的地方。幼儿大部分的活动都在这里，因此在设计时要注意以下几点。

第1点，活动室面积根据幼儿的活动需要确定，每个幼儿所需的面积为1.3~2.7m^2。活动室面积应不小于50m^2。

第2点，活动室形状多为矩形，也可采用圆形、六边形或其他形状。

第3点，活动室平面布置应考虑多功能使用要求，保证活动圈半径不小于2.5~3.0m。

第4点，活动室应有良好的朝向和日照条件。冬至日满窗日照不小于3h，夏季应避免阳光直射。

第5点，单侧采光的活动室，其进深不宜超过6.6m。楼层活动室宜设置室外活动的露台或阳台，但不应遮挡底层生活用房的日照。

第6点，活动室的设计应遵循防火规范的有关规定。房间最远一点到门的直线距离应小于14m。最好设两个门，门宽大于1.2m，若只有一个门，门宽应大于1.4m，最好采用外开的方式。

第7点，活动室宜为暖性、弹性地面。室内墙面宜采用光滑易清洁的材料，墙角、窗台、暖气罩和窗口竖边等棱角部位必须做成小圆角。活动室室内墙面，应具备展示教材、作品和环境布置的条件。

第8点，幼儿经常出入的门与地面的距离应在0.60~1.20m内，不应装易碎玻璃。在距地面0.70m处，宜加设幼儿专用拉手。外门宜设纱门。

第9点，窗台距地面高度不宜大于0.60m。楼层无室外阳台时，应设护栏。距地面1.30m内不应设平开窗。所有外窗均应加设纱窗并应有遮光设施。

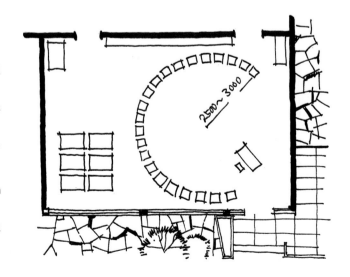

- 幼儿园寝室

全日制幼儿园的寝室供幼儿午睡使用，设计时要注意以下几点。

第1点，寝室的要求与活动室基本相同，但天然采光要求比活动室稍低。

第2点，寝室应与卫生间临近。卫生间可单独设置，也可与活动室合并，还可考虑跃层式，通过楼梯与活动室联系。寝室设于上层时应附设小厕所（一个厕位）。

第3点，寝室主要家具为床。为节省面积，可以采用轻便卧具或活动翻床，也可以在活动室旁布置一小间安放通铺。

第4点，寝室和活动室可以合并设置，面积按两者面积之和的80％计算。

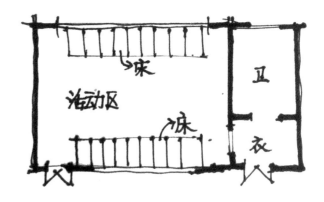

- 音体活动室

音体活动室基本要求：供同年级或全园2~3个班的儿童共同开展各种活动用，如演出、放映录像、开展室内体育活动等；应设置小型舞台；音体室应满足下列规定。

第1点，音体室的要求与活动室基本相同，但天然采光要求比活动室稍低。

第2点，音体活动室的位置与生活用房应有适当隔离，以防噪音干扰。

第3点，音体室单独设置时，宜用连廊与主体建筑连通。因为使用人数多，宜放在一层；如未放在一层，应靠近过厅和楼梯间。

第4点，要求有好的朝向和通风条件。

第5点，入口空间适当放大，也可与门厅组合。

第6点，设计时要考虑到多功能大型活动的要求，应当交通方便，空间形状便于灵活使用。

第7点，音体活动室至少设两个出入口，一个对内，一个对外。

第8点，音体室内功能形式与布置如下图。

- 卫生间

卫生间应分班设置，并满足下列要求。

第1点，卫生间应临近活动室和寝室，厕所和盥洗应分间或分隔，并应有直接的自然通风。

第2点，盥洗池的高度为0.50~0.55m，宽度为0.40~0.45m，水龙头的间距为0.35~0.40m。

第3点，无论采用沟槽式或坐蹲式大便器均应有1.2m高的架空隔板，并加设幼儿扶手。每个厕位的平面尺寸为0.80m×0.70m，沟槽式的槽宽为0.16~0.18m，坐式便器高度为0.25~0.30m。

第4点，炎热地区各班的卫生间应设冲凉浴室。热水洗浴设施宜集中设置，凡分设于班内的应为独立的浴室。

第5点，卫生间内应采用易清洗、不渗水的材料，并设计防滑的地面。

第6点，供保教人员使用的厕所宜就近集中，或在班内分隔设置。

第7点，幼儿与职工洗浴设施不宜共用。

第8点，卫生间平面布置如下图。

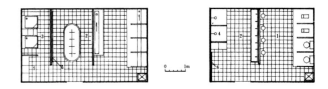

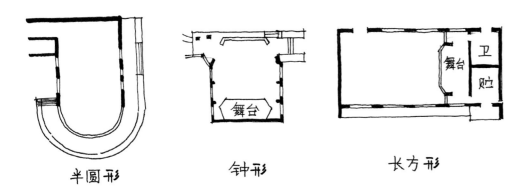

半圆形　　钟形　　长方形

- 衣帽储藏室

衣帽储藏室应设于各班入口处，储藏物品包括衣帽、被褥和床垫等。与教具储存间可分可合，也可设计为开敞形式。储藏柜内可设壁柜、搁板，并要注意通风。

5.1.5 防火与疏散

第1点，幼儿园建筑的防火设计除应执行国家建筑设计防火规范外，还应符合本节的规定。

第2点，幼儿园的儿童用房属于一、二级耐火等级时，不应设在4层及4层以上；属于三级耐火等级时不应设在3层及3层以上；属于四级耐火等级时不应超过1层。平屋顶可作为安全避难和室外游戏场地，但应有防护设施。

第3点，主体建筑走廊净宽度不应小于右表的规定。

第4点，音体活动室的门洞宽应不小于1.5m，门扇应对外开启。

第5点，在幼儿安全疏散和经常出入的通道上，不应设有台阶。必要时可设防滑坡道，其坡度不应大于30°。

第6点，楼梯、扶手、栏杆和踏步应符合下列规定。

①楼梯除设成人扶手外，并应在靠墙一侧设幼儿扶手，其高度不应大于0.60m。

②楼梯栏杆垂直线饰间的净距不应大于0.11m。当楼梯井净宽度大于0.20m时，必须采取安全措施。

③楼梯踏步的高度不应大于0.15m，宽度不应小于0.26m。

④在严寒、寒冷地区设置的室外安全疏散楼梯应有防滑措施。

第7点，活动室、寝室、音体活动室应设双扇平开门，其宽度不应小于1.20m。疏散通道中不应使用转门、弹簧门和推拉门。

走廊最小净宽（米）

房间布置 房间名称	双面布房	单面布房或外廊
生活用房	1.8	1.5
服务供应用房	1.5	1.3

5.1.6 组合方式

幼儿园建筑的平面形状可分为一字形、工字形、风车形和圆形等。空间组合方式可以分为以下几种。

⊙ **走道式组合：**采用这种组合方式每个使用房间相对独立性好，走道可分为外走道和内走道。

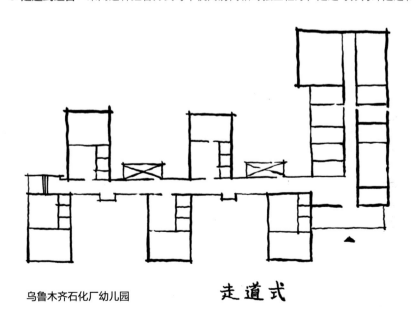

乌鲁木齐石化厂幼儿园　　　**走道式**

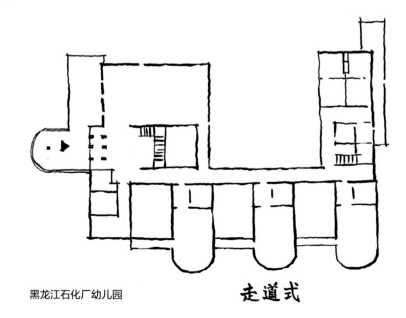

黑龙江石化厂幼儿园　　　**走道式**

⊙ **厅式组合:** 布局紧凑,大厅往往为门厅或多功能厅,便于幼儿开展各种集体活动。

⊙ **庭院式组合:** 以庭院为中心进行空间布置,有利于室内外空间的结合使用。

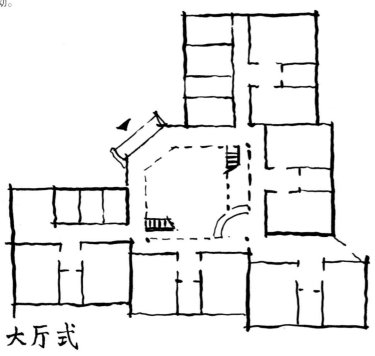

大厅式

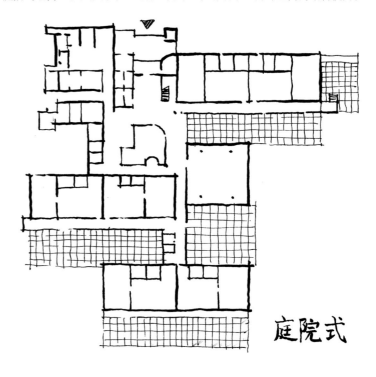

庭院式

⊙ **混合式布置:** 兼有两种以上组合方式,使用于较大规模的幼儿园。

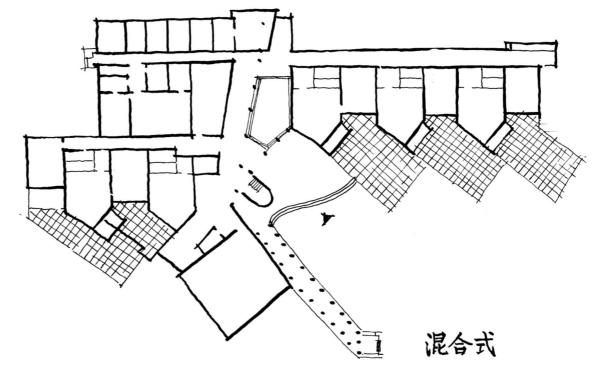

混合式

5.1.7 空间与形式

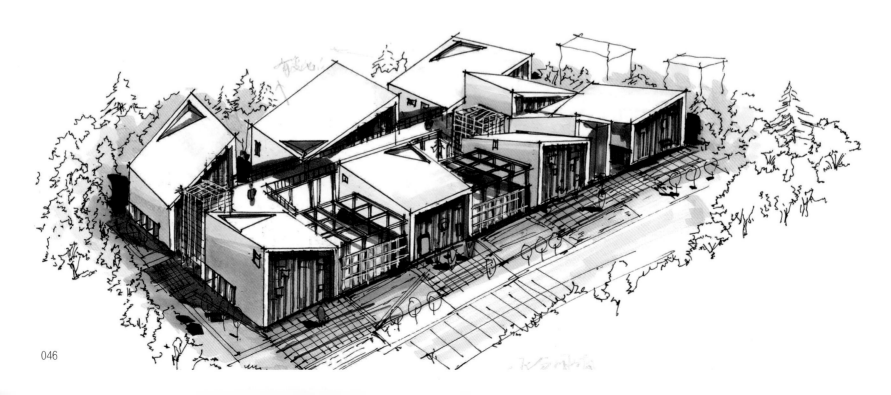

5.2 ▎图书馆的设计要求

5.2.1 图书馆的功能组成

⊙ **图书馆的组成：**包括藏书、阅览、借书、业务与技术设备、公共行政与辅助部分。

⊙ **藏书部分：**主要是书库，包括基本书库、辅助书库、阅览书库和各类特藏书库。

⊙ **阅览部分：**各种阅览室，如普通阅览室、专业阅览室、教师阅览室、学生阅览室、儿童阅览室、研究室及特种阅览等。

⊙ **借书部分：**包括目录厅、出纳厅，是读者借、还书的场所。

⊙ **业务与技术设备部分：**业务用房包括采编、典藏、辅导、美工等部门；技术用房由微机室、缩微、照相、静电复印、声像控制、装裱修整和消毒等房间组成。

⊙ **公共行政与辅助部分：**包括门厅、寄存处、陈列厅、报告厅、读者休息场所、行政总务办公场所和公共厕所等。

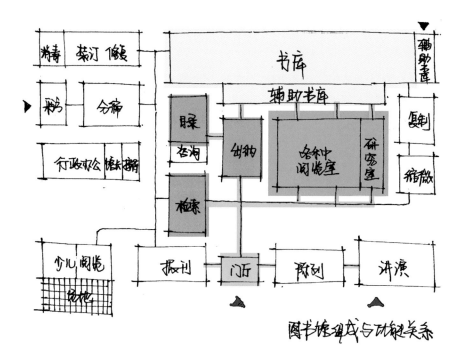

图书馆组成与功能关系

5.2.2 图书馆总平面设计

图书馆的总平面设计整体应该布局合理、用地紧凑、使用方便、环境优美。同时，还要注意以下3点。

第1点，功能分区明确，先划分读者活动区和内部工作区。

第2点，良好的朝向和自然通风。

第3点，做好庭院绿化、美化。图书馆既是公共建筑，又是文化建筑，馆区内的绿化、小品应当精心设计，力求创造出安静、干净、优美的读书学习环境。

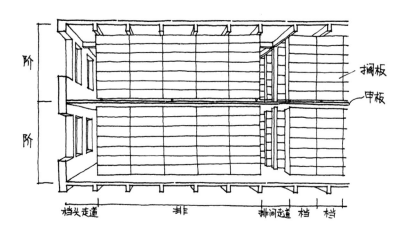

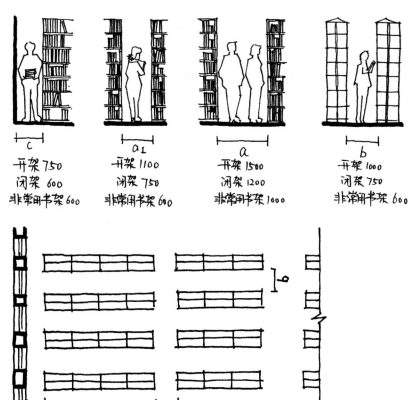

5.2.3 图书馆书库设计

- **书库类型**

  ⊙ **基本书库：** 即总书库，具有书籍成分复杂，种类繁多，藏书量大的特点。

  ⊙ **辅助书库：** 采用闭架管理时，图书馆中为读者服务的各种书库。如借书处、阅览室、参考室、研究室、分馆等部门所设置的书库。辅助书库应与基本书库紧密联系，以便从基本书库中补充新书，也便于把旧书送回基本书库。

  ⊙ **开架书库：** 允许读者入库查找资料并就近阅览的书库。此书库除正常的书架外，在采光良好的区域还设有少量阅览座（厢）供读者使用。

  ⊙ **特藏书库：** 收藏珍善本图书、音像资料和电子出版物等重要文献资料、对保存条件有特殊要求的书库（不应有阳光直射）。

  ⊙ **密集书库：** 以密集书架收藏文献资料的书库。此种书库的荷载可按实际荷载选用，多设置在建筑物的地面层。

- **垂直交通和运输**

  书库上、下层之间应有垂直交通相联系，一般设置专用楼梯供内部工作人员使用。垂直运输主要是运送书籍的提升设备。

  书库内楼梯段净宽不应小于0.8m，坡度小于45°。

  两层以上的书库应设书籍提升设备；4层及4层以上的书库，提升设备应不少于两套；6层及6层以上的书库宜另设专用电（货）梯。

- **书库防护**

  藏书区不应有阳光直射，否则应采取有效的遮光措施。特藏书库应安装能过滤紫外线的灯具。同时，还要注意安全防盗，慎重考虑平台、阳台区域。

- **下表是不同书库容书量的指标（单位：册/m²）**

藏书方式	公共图书馆	高等学校图书馆	少年儿童图书馆
开架藏书	180~240	160~210	350~500（半开架）
闭架藏书	250~400	250~350	500~600
报纸合订本	110~130		

- **书架及布置要求**

  书架的基本单元称为档。每一档长度一般为1m，沿高度设6~7层搁板为一阶，若干档并列成排。书架可作成单面书架或双面书架，单面书架搁板宽200mm（外形宽250），双面书架宽450mm。七层搁板用于闭架书库，六层搁板用于开架书库。书架在书库内的布置与书库性质有关，开架布置时，书架间距及书架间通道尺寸应大些，闭架布置时，书架间距及书架间通道尺寸可小些，非常用书架则可密排。

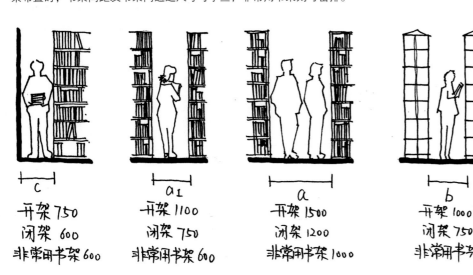

c
开架 750
闭架 600
非常用书架 600

a₁
开架 1100
闭架 750
非常用书架 600

a
开架 1500
闭架 1200
非常用书架 1000

b
开架 1000
闭架 750
非常用书架 600

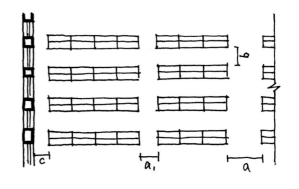

5.2.4 图书馆阅览室设计

第1点，图书馆的读者可分为浏览读者、阅读读者及研究读者3类。阅览室不应穿套，即独立开放的阅览室其位置应避免对其他阅览室的穿越。阅览室内应注意顶棚、墙面、地面的吸声处理，以减少回音。

第2点，阅览室宜朝南。阅览室应避免阳光直射，在南方地区应避免西晒。

第3点：合适的采光、照明和通风。阅览室应光线充足，照度和亮度均匀，避免眩光，一般可采用双侧采光、顶部采光或混合采光。采光面积以窗地比不小于1:5为宜。单侧采光对采光和通风都不利，仅用于高深比不大于1:2的房间。

5.2.5 空间与形式

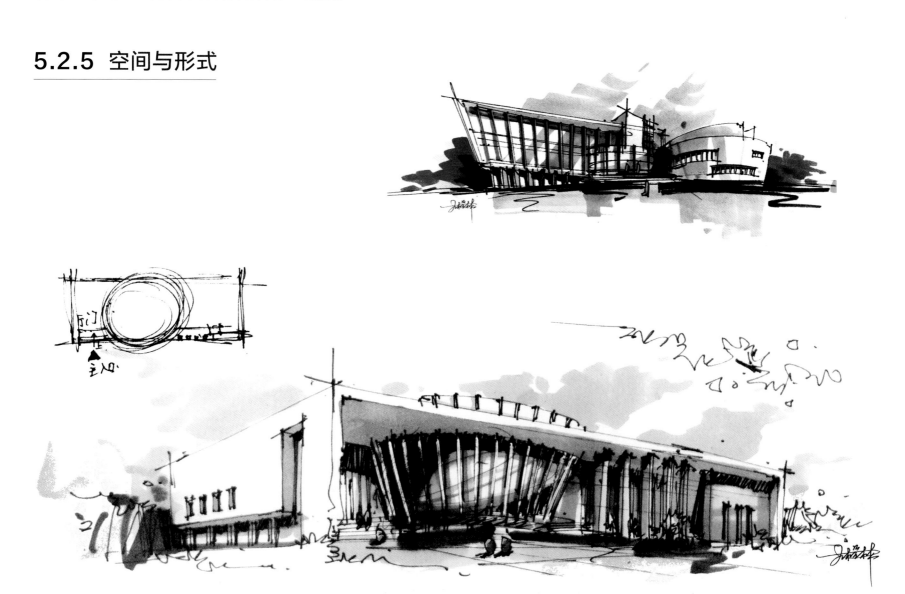

5.3 | 旅馆的设计要求

5.3.1 平面功能与流线关系

现代旅馆可以分为入口接待、住宿、餐饮、公共活动和后勤服务5大部分。

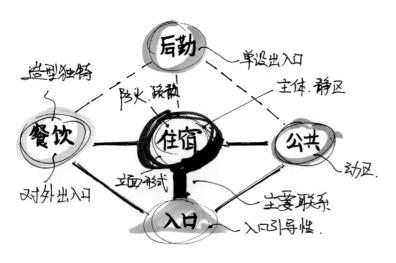

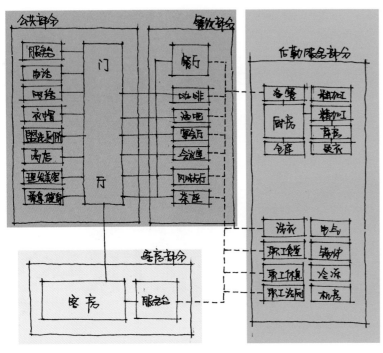

5.3.2 总平面布置

- 一般原则

    第1点，根据城市规划的要求，妥善处理好建筑与周围环境、出入口与道路、建筑设备与城市管线之间的关系。

    第2点，旅馆出入口应明显，组织好交通流线，安排好停车场地，满足安全疏散的要求。

    第3点，功能分区明确，使各部分的功能要求都能得到满足，尽量减少有噪声和污染源的部分对其他部分的干扰。

    第4点，有利于创造良好的空间形象和建筑景观。

- 总平面设计的主要内容

    总平面设计除安排好主体建筑外，还应安排好出入口、广场、道路、停车场、附属建筑、绿化和建筑小品等，有的旅馆还要考虑游泳池、网球场和露天茶座等。

    ⊙ **主体建筑**：主体建筑位置应突出。客房部分应日照、通风条件好，环境安静。门厅、休息厅、商店、餐厅应靠近出入口，便于管理和营业。厨房、动力设施应有对外通道，不干扰其他部分的正常使用，不影响城市景观。

    ⊙ **广场设计**：根据旅馆的规模，进行相应面积的广场设计，供车辆回转、停放，尽可能使车辆出入便捷，避免互相交叉。

    ⊙ **出入口**：出入口一般至少要有两个。主要出入口位置应显著，可供旅客直达门厅。辅助出入口用于出席宴会、会议及商场购物的非住宿旅客出入，适用于规模大、标准高的旅馆。团体旅馆出入口是为减少主入口人流，方便团体旅客集中到达而设置的，适用于规模大的旅馆。职工出入口宜设在职工工作及生活区域，用于旅馆职工上下班进出，位置宜隐蔽。货物出入口用于旅馆货物出入，位置应靠近物品仓库或堆放场所，应考虑食品与货物分开卸货的情况。

    ⊙ **旅馆出入口步行道设计**：步行道系城市至旅馆门前的人行道，应与城市人行道相连，保证步行至旅馆的旅客安全。在旅馆出入口前适当放宽步行道。步行道不应穿过停车场或与车行道交叉。

    ⊙ **道路与停车场**：应组织好机动车交通，减少对人流的交叉干扰，并符合城市道路规划的要求。要做好安全疏散设计，遵守防火规范的有关规定。

    ⊙ **绿化**：旅馆建筑的绿化一般有两类，一类是建筑外围或周边的绿化，它们对于美化街景、减少噪声和视线干扰、增加空间层次有良好的作用；另一类是封闭或半封闭的庭园，它们有利于丰富旅馆的室内外空间，改善采光、通风条件。

- 总平面布局方式

总平面布局受基地条件、投资等因素影响，一般有两种类型。

⊙ **分散式：** 适用于宽敞基地或需分期建设或对建筑高度、体量有限制的情况。各部分按使用性质进行合理分区，布局要紧凑，道路及管线不宜太长。缺点是占地较大。

⊙ **集中式：** 适用于用地紧张的基地，常将客房设计成高层建筑，其他部分则布置成裙房。须注意停车场的布置、绿地的组织及整体空间效果。这种方式布局紧凑，交通路线短，但对建筑设备要求较高。

5.3.3 公共部分设计

旅馆的公共部分是旅馆中最先与旅客和社会公众接触的部分，如公共厅堂和各类活动用房，其形象、环境气氛及设施直接影响对旅客与公众的吸引力，公共部分历来是旅馆设计的重点。

- 门厅设计

门厅的基本功能由入口大门区、总服务台、休息区和楼梯电梯4部分组成。

门厅的平面布局根据总体布局方式、经营特点及空间组合的不同要求，有多种变化。最常见的门厅平面布局是将总服务台和休息区分设在入口大门区的两则，楼梯、电梯位于入口对面；或电梯厅、休息区分列两侧，总服务台正对入口。这样设计具有分区明确、路线简捷、对休息区干扰较少的优点。

- 中庭设计

中庭特点是：综合旅馆公共活动功能；大中有小、小中见大的共享空间；顶光效应与室外空间感；富有运动感；竖向多种艺术的综合。

- 会议、商店及康乐设施

随着社会的发展，各种国际国内会议的增加，接待会议代表住宿已成为现代旅馆的收益来源之一。通常设大会场做会议中心；设小会议室以适应分组会议的需要。另外高级旅馆的会议厅应具备先进的声像设备。

商店设置的位置多数在首层、二层、地下一层等人流方便到达之处，其入口应兼顾旅客和其他客人进出，并应避免噪声对客房的影响。按西方的习惯，花亭和花店是不可缺少的，宜位于门厅显眼处，用五彩缤纷的鲜花为大堂增添魅力。

康乐设施的各种项目由于在使用功能上有一定的连续性，因而应设置在相对集中的区域。包括游泳池、网球场及健身房（健身房最小为56m²）、健康部（桑拿、按摩、美容、理发）、游戏室（电子游戏、棋牌）和体育设施（保龄、壁球、台球）等。

- 餐厨设计

餐厅分对内与对外营业两种。对外营业餐厅应有单独的对外出入口、衣帽间和卫生间。

a. 宴会厅在中心，厨房服务周围

b. 厨房在一端，宴会厅绕其三边

c. 厨房在宴会厅一侧

5.3.4 客房层与客房单元

● 客房层设计

客房标准层由客房区、交通空间和服务区组成。客房区由若干客房单元构成，客房单元指客房门内所有空间；交通空间包括走道、楼梯、电梯、候梯厅等；服务区包括服务台、工作间、储藏室、开水间、消毒间(或消毒设施)等，有的还设有阅览室、小会议室、公共卫生间等。

客房层设计要求主要有以下5点。

第1点，客房单元要争取最好的景观与朝向。

第2点，交通枢纽居中。

第3点，旅客流线与服务流线分开。

第4点，提高客房层平面效率。

第5点，创造客房层的环境气氛。

客房层平面类型（直线型平面）主要有以下5种

⊙ **一字形平面**：平面较紧凑、经济，交通路线明确、简捷。可以在走廊一侧布置客房，也可以在走廊两侧布置客房。

⊙ **折线形平面**：客房层由互成角度的两翼组成，呈折线状。平面紧凑、内部空间略有变化，交通枢纽与服务核心常位于转角处。适于围合广场或城市空间的基地。其下面两翼可长可短，两翼短者更适于高层旅馆。常见的有直角相交的L形，钝角相交和多折形。

⊙ **交叉型平面**：客房层由几个方向的客房交叉组合而成。通常在交叉处设交通、服务核心，缩短了旅客和服务的路线。平面效率较高，客房易争取良好景观，但用地较大，适于大中型城市和市郊旅馆。

⊙ **塔式正几何形平面**：一般以多层和高层为主。适用于用地紧张，容积率要求较高的地形。

⊙ **围合形平面**：适用于地形周围环境一般，对采光和景观没有明确要求的场地。平面围合出内向的、私密的、景观良好的内庭院。

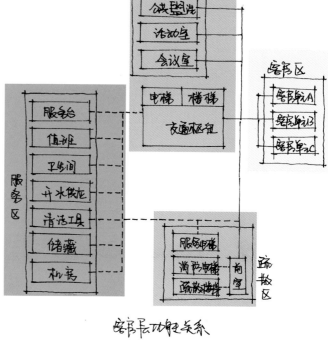

客房层功能关系

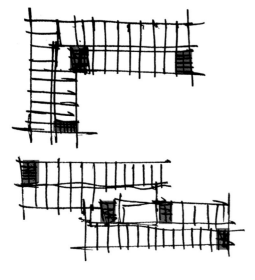

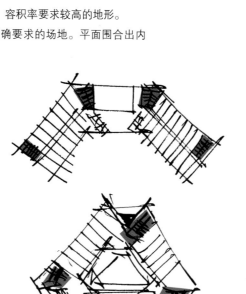

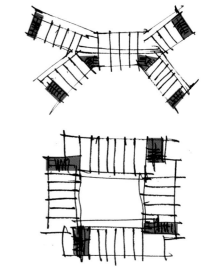

- 客房单元设计

　　客房一般分为单床间、双床间（含双人床间）、多床间和双套间等，标准较高的旅馆还设有豪华套间、总统套间等。

⊙ **单床间：**面积不小于9m²，为旅馆中最小的客房。设施齐全，要求经济实用。

⊙ **多床间：**床位数不宜多于4床，只有设备简单的卫生间，或者不附设卫生间而使用公共卫生间。这是一种低标准的经济客房。

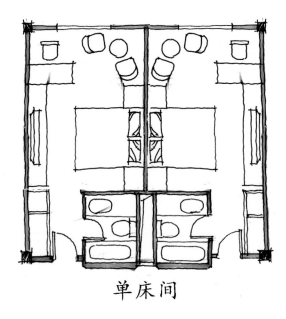

单床间

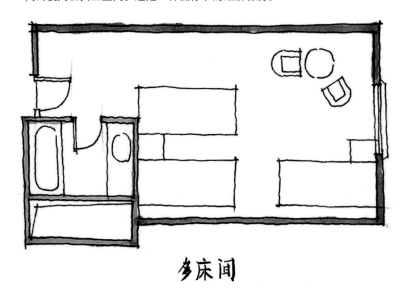

多床间

⊙ **双床间：**面积为16~38m²，这是旅馆中最常用的客房类型，适用性广，较受顾客欢迎。

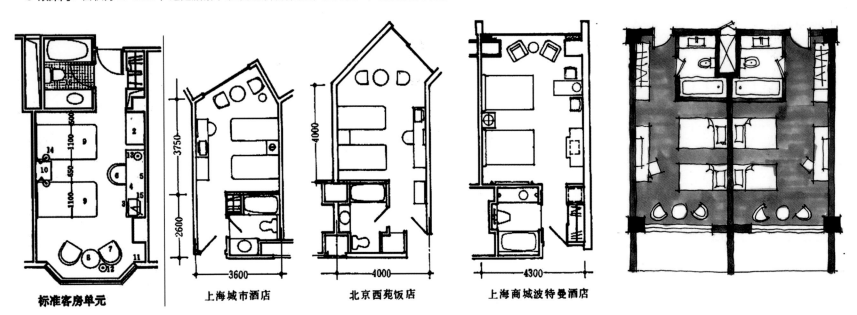

标准客房单元　　　　上海城市酒店　　　　北京西苑饭店　　　　上海商城波特曼酒店

⊙ **双套间：** 由两间居室组成一套客房，标准较高。必要时起居室也可放床。

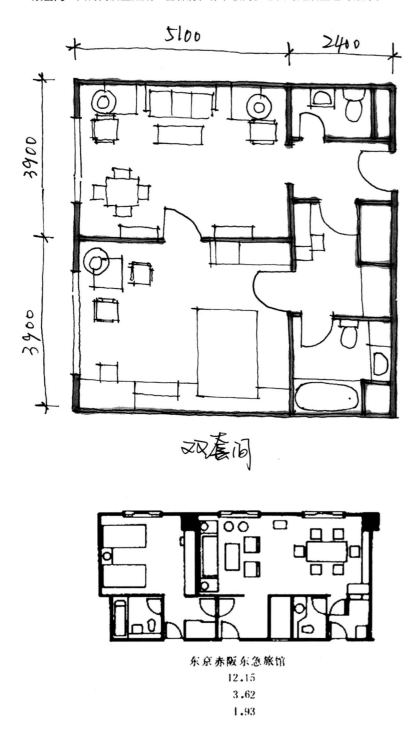

双套间

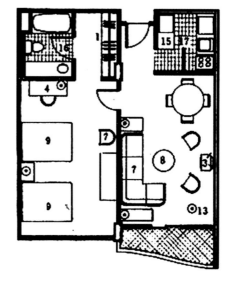

客房开间（m）

客房进深（m）

浴室进深（m）

东京赤阪东急旅馆

12.15

3.62

1.93

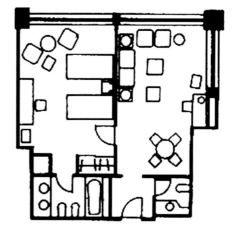

东京大仓旅馆

8.65

6.85

1.84

5.3.5 空间与形式

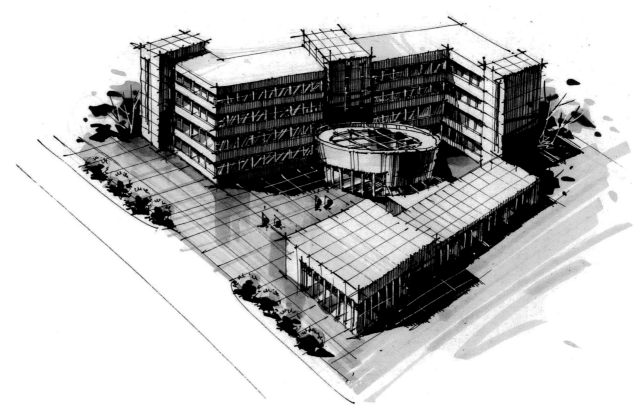

5.4 ┃ 大学生活动中心的设计要求

5.4.1 建筑属性

  大学生活动中心是大学生进行文化、艺术、娱乐活动的场所，是大学生多层次、多手段交流和学习的场所。大学生活动中心是大学设立的组织指导大学生进行文化艺术娱乐活动的场所，属于文化馆类建筑。

5.4.2 建筑特征

  ⊙ **综合性：** 活动内容复杂。

  ⊙ **多用性：** 活动形式各异，建筑空间组织和建筑空间表现形式均应具备多用性和灵活性，实现一室多用和空间的综合利用。

  ⊙ **地域性：** 与大学校园环境具有密切的关系，在设施内容、建筑造型、艺术处理上应给予充分的体现。

5.4.5 功能分区与交通组织

  第1点，分区合理，内外有别，动静分区。

  第2点，各用房联系方便，交通流线简洁明确。

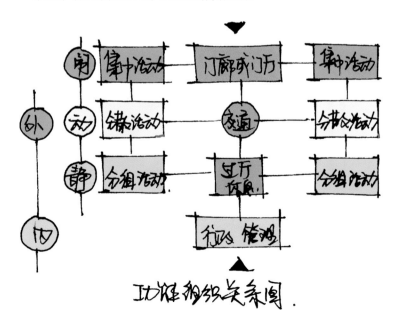

功能组织关系图.

5.4.3 总平面布局的内容

  ⊙ **总平面布局的内容：** 出入口设置及交通组织、建筑布局、活动场地的设置、总体布局的形式。

5.4.4 建筑布局

  建筑布局要注意以下6点。

  第1点，功能分区合理，人流车流组织明确，闹静分区得当。

  第2点，各用房联系紧密，便于综合利用；各厅室独立使用互不干扰，人流量大且集散集中的用房，应有独立的对外出入口。

  第3点，庭院设计应结合地形及功能分区的需要，布置室外休息场地、绿化、小品等，以形成优美的室外空间。

  第4点，噪声大的用房应该离医院、宿舍、幼托等建筑有一定距离。

  第5点，应合理地进行不同大小、高低、形体的建筑组合和组织不同的室外空间。

  第6点，需要满足各功能空间在房间尺寸、通风、采光和声学环境等性能方面的要求。

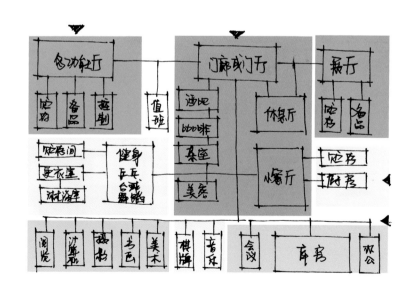

功能分区

5.4.6　基本功能组成

⊙ **休闲娱乐：**歌舞、棋牌、影视音乐欣赏、美容美发、游戏等。
⊙ **体育健身：**乒乓球、台球、健身房、游泳池、保龄球、羽毛球、篮球、室内攀岩、室内高尔夫球等。
⊙ **餐饮功能：**酒吧、咖啡厅、小型风味餐厅、快餐店等。
⊙ **文化教育：**阅览室、展览室、各类教室等。
⊙ **社团活动：**活动室、多功能厅等。
⊙ **管理办公：**办公室、会议室、资料室等。

5.4.7　空间与形式

5.5 ┃ 展览类建筑的设计要求

5.5.1 背景

⊙ **文脉：** 所谓文脉，广而言之就是文化脉络，是人类对世界、自然和自我进行定位的一种认识框架和方法。

在建筑学领域，文脉方法是建筑设计的一种方法论。它要求建筑师在进行建筑创作时，应当对建筑所处的自然与人文环境进行一种整体的、系统的和动态的全面思考，在此基础上确定建筑创作的方向、途径和结果。

谈建筑，要从"场所"谈起，"场所"在某种意义上，是一个人记忆的一种物体化和空间化，可解释为"对一个地方的认同感和归属感"。

5.5.2 概念简述

⊙ **展览馆：** 是展示临时性陈列品的公共建筑。通过实物照片、模型、影视等手段传递信息，促进交流与发展。大型展览馆结合商业及文化设施成为综合性建筑。常见的规模有3类：A类是15000~35000m²，展览面积小于总面积的1/3；B类是8000~25000m²，展览面积小于总面积的1/3~2/3；C类是8000m²以下，展览面积较高。

⊙ **陈列馆：** 主题性较强（乡土馆、民俗馆、名人馆、美术馆、科技馆），规模相对较小。

5.5.3 基地与布局

⊙ **基地：** 一般位于城市社会活动中心地区或城市近郊；交通便捷；陈列馆应与公共设施、江湖水泊、公园绿地结合；常利用荒废建筑改造和扩建。

布局方面要注意以下几个要点。

第1点，建筑覆盖率要达到40%~50%。

第2点，留有足够的室外场地、停车位及绿化。

第3点，库房贴邻展区，既便于运输展品，又要防止观众穿越。

第4点，观众服务区贴临馆前集散地，且靠近展区。

第5点，功能分区明确合理，参观路线与展品运送路线互不交叉。

5.5.4 基本功能组成

● 展览区平面形式

⊙ **矩形：** 布展面积最大，走道便捷，占用面积少，展览形式丰富。

⊙ **正方形：** 摊位容易布置，排列整齐，走道便捷，参观路线明确，灯光布置有利于组成天棚图案，渲染展览气氛，展览形式丰富。

⊙ **圆形：** 摊位布置富有变化，走道布置适当时方便参观；展览形式设计较难，灵活性差。

⊙ **多边形（异形）：** 摊位布置受限制；展览形式易产生消极空间，展览形式设计应利于边角落。

● 平面组织与空间布局

⊙ **串联（环型）式：** 环形或线形相互串联，方向单一，线路简单明确，入口可分可合；但不够灵活，不能分段使用。

⊙ **放射式：** 放射形相互并联，可以组织完整的参观路线，可分段开放，灵活使用，但流线有往返交叉现象。

⊙ **混合型：** 上述两种形式的综合，使用于大型展览馆，但易漏看展厅。

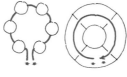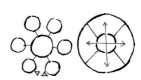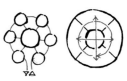

 串联（环型）式　　　　放射式　　　　混合型

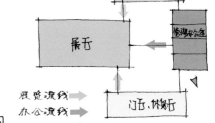

 功能关系示意图

展览流线
办公流线
展品流线

5.5.5 展区设计

● 展室、陈列室路线组织

⊙ **顺流线路：** 陈列室出入口分别在陈列室两翼，人流具有明确的顺序性和连续性。展出设施多采用版面陈列与橱柜陈列。

⊙ **回流线路：** 陈列室出入口在同一位置，人流线路成回流线路。出入口最好在陈列室一端或中部。

⊙ **自由线路：** 如陈列室进深较大或大厅中采用立体陈列或单元陈列方式，则人流线路不是单一的明确线路，人流流向会产生"渗流"现象。陈列室的出入口反映的是总的前进趋势，观众在前进过程中，可以自由选择参观对象。

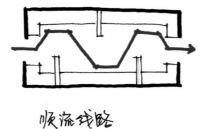
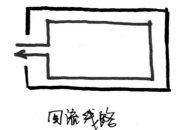

顺流线路　　　　回流线路　　　　自由线路

● 展厅内展品布置形式

周边式

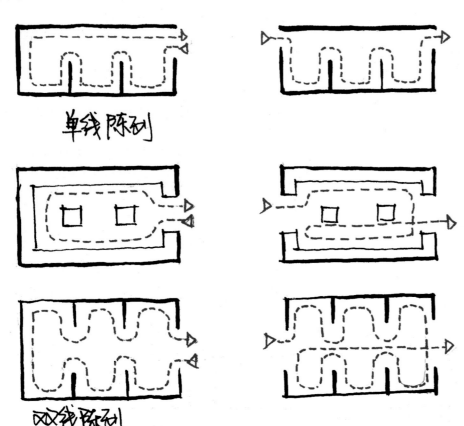

独立式

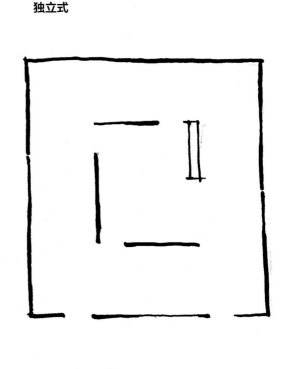

单线陈列

双线陈列

独立式

- 展厅跨度、柱网、高度

视线分析（单眼视野、双眼视野）

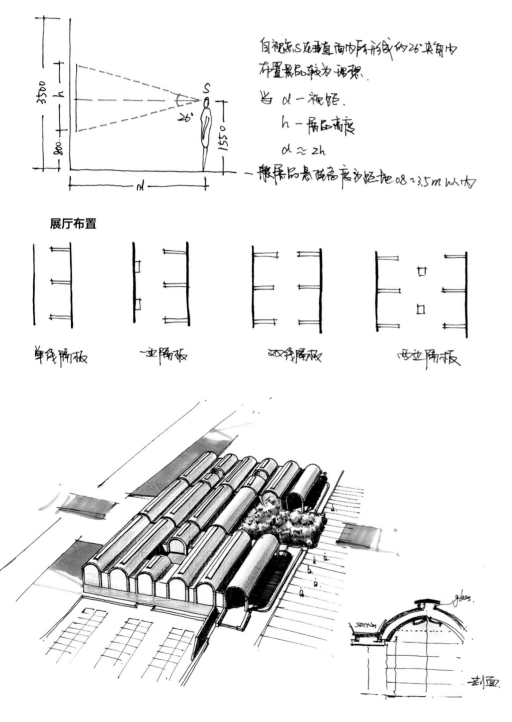

自视点 S 在垂直面内所形成的 26° 夹角内布置展品较为理想。

当 d — 视距，
h — 展品高度
$d \approx 2h$

— 一般展品的最佳高度多距地 0.8~3.5m 以内

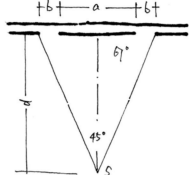

自视点 S 在水平面内所形成的采用 45° 内布置展品较为理想。

d — 视距
a — 展品宽度
b — 展品间距
$d = (a/2+b)\tan 67°30'$

展厅布置

单线隔板　　双线隔板　　双线隔板　　两边隔板

- 采光设计

采光设计的一般要求有以下4点。

第1点，注意陈列品感光性，适宜的光照度，光照均匀，宜采用紫外线少的灯具。

第2点，陈列品照度要大于陈列室环境照度。

第3点，各陈列室照明不应相差过大。

第4点，避免光线直射陈列品和产生眩光，采光口不占或少占陈列墙面。

眩光的防止措施主要有：远离窗口；垂直窗口布置展板和展柜；选择画面高度；倾斜画片；缩小玻璃面与陈列品的距离。

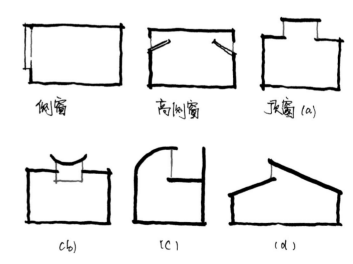

侧窗　　高侧窗　　顶窗 (a)

(b)　　(c)　　(d)

5.5.6 空间与形式

5.6 | 体育馆建筑的设计要求

5.6.1 体育馆分类

体育馆的使用性质主要是满足比赛和练习的需要。体育馆的规模通常按照观众席数量划分：6000~10000为大型体育馆； 3000~6000为中型体育馆；小于3000为小型体育馆。

5.6.2 基地选择和总平面布局要点

- 基地选择

  第1点，体育馆应考虑自身车流、人流疏散，同时避免集中车流、人流疏散阻塞城市交通。一般将其布置于近邻城市干道或者几条城市干道的交汇处。

  第2点，考虑远期发展与预留用地。

  第3点，体育馆选址应尽量与城市公共绿地相结合，避免工业污染及有害气体，同时与城市高压线和易燃易爆场所保持安全距离。

- 总平面设计要点

  第1点，总平面设计应使各功能部分分区明确、流线清晰，并各自拥有独立便捷的集散流线，其总出入口应布置明显，且不少于两处，并以不同方向通向城市干道。

  第2点，体育馆场地应考虑大面积停车用地，观众、运动员、贵宾停车区应分开设计，观众疏散通道和集散场地可按每名观众0.2m²计算。

  第3点，体育馆长轴方向应根据日照、风向、机构形式等因素确定，但一般采用东西向长轴布置，南北向开设采光窗。

  第4点，体育馆应布置环形消防车道。

5.6.3 体育馆功能分析

体育馆根据其使用功能可分为竞赛区、观众区、运动员休息区、竞赛管理区、新闻媒体区、贵宾区和场馆运营区。体育馆组成的主体是观众厅，其规模和形式受比赛场地的类型和观众数量影响，其余为观众、运动员、贵宾级技术用房，此类辅助用房的面积为观众厅的1~3倍。

为保障人身安全和管理方便，应避免不同功能区之间的流线交叉，一般将运动员、贵宾、工作人员用房划分为内区，多置于底层；观众用房划分为外区，置于二层以上各层；内、外区同处一层时，则应在同层划分出内区与外区、内部辅助用房；人流组织中应将观众流线组织放在首位，保证其行走路线直接、便捷。

5.6.4 平面及空间组合

- 平面组合

  第1点，功能分区明确，避免流线交叉，注意避免观众流线穿越运动员和贵宾活动的区域。

  第2点，对于小型体育馆，观众的入口宜布置在体育馆比赛场地的长轴一端，而观众入口设置在二层，采用立体交叉布置流线，使得各股人流不交叉、分区明确。

  第3点，利用观众席下面空间布置辅助用房时应尽量解决自然采光和通风问题，室内练习场地和比赛场地之间应有最直接、最便捷的联系方式。

  第4点，后勤工作人员出入口应单独设置，且与管理用房、机房、器材库、灯光控制室等联系便捷，一般小型体育馆，该入口可与运动员入口合并设置。

● 空间组织

第1点，体育馆空间组织的全部内容在于按功能要求合理安排各类用房，充分利用观众厅以外的空间，同时主要提高观众厅平面系数K（K=观众席面积/观众厅屋盖面积−比赛场地面积），尽可能多地容纳观众。体育馆的结构选型和空间构造，应根据其建筑位置、使用要求，做到合理性、经济性和先进性的统一。

第2点，合理地利用和组织空间，常用手法如下。

①充分利用观众厅下面的空间作为观众、运动员、行政管理用的辅助用房。

②合理压缩观众厅大跨度空间，采用附以边跨的结构布局方式，利用边跨布置辅助用房，以节约体育馆总的投资。

③尽量把风道、记分、计时等附属用房移到观众厅外或采用悬挑的方式，不占或少占观众厅席位，以提高K值。

④合理和便捷地布置人流路线，压缩交通面积。南方地区可以将庭院作观众休息厅之用，以节约总建筑面积。

⑤在充分利用观众看台下部空间作为辅助用房时，在条件允许时采用天然采光和自然通风。

第3点，为改善观众厅的音质，应注意在可能条件下压缩观众厅体积，同时使用吸音性能较好的饰面材料。

第4点，观众厅常见的结构类型有钢结构、钢架和悬索结构等。当观众厅跨度在30~40m时，多采用平面钢桁架；当跨度在40~70m时，多采用平面立体钢桁架；当跨度在70m以上时，可采用空间网架；曲面形平面的观众厅，可采用悬索结构。

第5点，综合体育馆比赛场地上空净高不应小于15m，专项用体育馆内场地上空净高应符合该专项的使用要求。

5.6.5　比赛场地设计

比赛场地的设计，其规格和设施应符合运动项目要求，场地边线外围应设置缓冲地带（缓冲地带一般为2~3m），满足通行宽度和安全防护等要求，以及裁判和记者工作的要求。

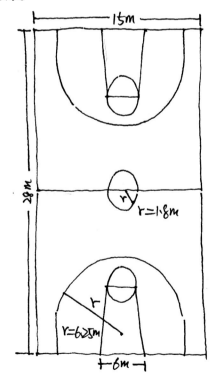
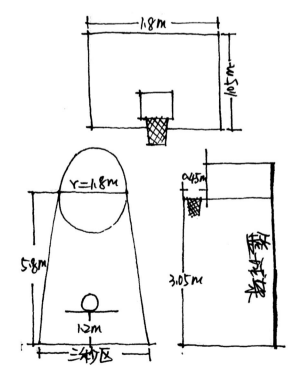
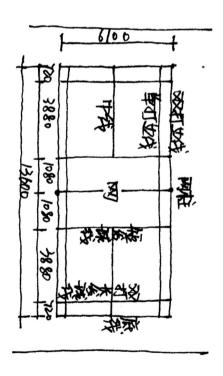

5.6.6 空间与形式

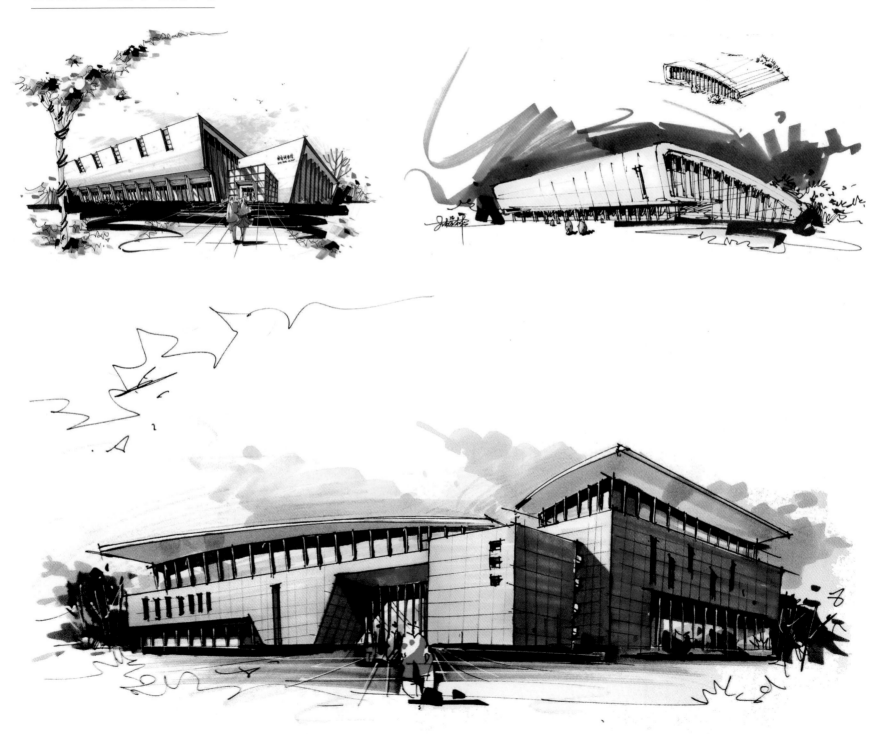

5.7 | 影剧院建筑的设计要求

5.7.1 概念

影剧院是观看演出和电影的室内空间和环境。功能以观看演出和电影为主，会议为辅。

5.7.2 功能设计

功能设计设计要求：良好的演出条件、良好的视听条件、保证安全与舒适。

5.7.3 功能关系

围绕观众厅布置舞台、门厅以及休息厅，相互独立却又联系紧密。

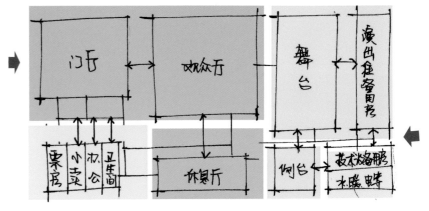

小型剧场的功能组合关系

5.7.4 总平面设计

总平面的设计要求主要有以下5点。

第1点，观和演要有适当分区。

第2点，要组织好人流及交通运输等流线。集散用地一般为0.2m²/人。

第3点，热、电、空调和水等配套设施易靠近负荷中心，并注意隔震、隔音。

第4点，演员宿舍、餐厅和厨房等如果附建时，应形成独立的防火分区。

第5点，要处理好环境设计。

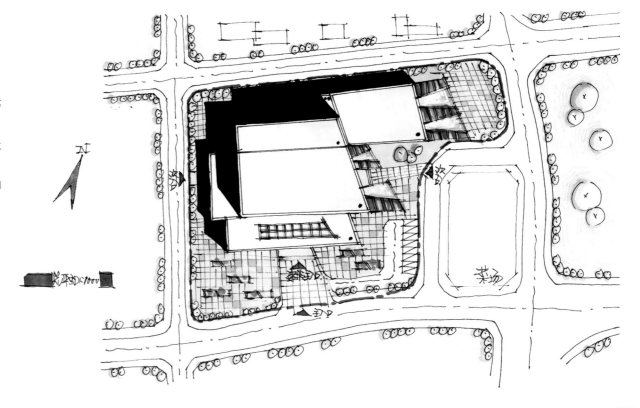

5.7.5 演出部分设计

- 主台设计

  台高计算公式：$H = 2h + 2 \sim 4m$。

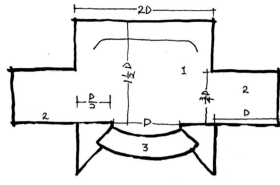

1 主台 2 侧台 3 乐池 D 台口宽

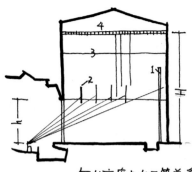

舞台高度与台口等关系
1 天幕 2 檐幕 3.景片 4.栅顶
H 舞台高度 h 台口高度 $H = 2h + 2 \sim 4m$

- 侧台及后舞台设计

  ⊙ **位置：** 位于主台的一侧或两侧。

  ⊙ **功能：** 存放布景、道具箱包和迁换布景。

  ⊙ **要求：** 宽度大于或等于台口宽度，深度等于表演区深度或为台口宽的3/4左右。高度大于7m，开口大于6m高。

- 乐池与台唇设计

乐池剖面

1 乐池 2 台唇

5.7.6 观众厅设计

- 观众厅的设计类型

  a. 矩形
  b. 钟形
  c. 扇形
  d. 六角形
  e. 马蹄形、卵形及圆形
  f. 复合型

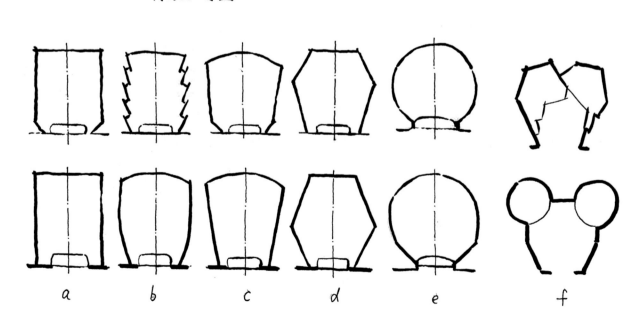

a   b   c   d   e   f

- **座位的排列方法**

  ⊙ **短排法：**座位排距为50cm×85cm；走道宽度为60cm/100人，且走道宽度不小于1.0 m。边走道不小于80cm，第一排走道宽度不小于1.0m。

  ⊙ **长排法：**排距不小于90（105）cm，每排座位数少于50个，边走道不小于1.2m。

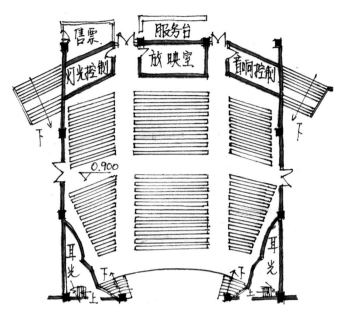 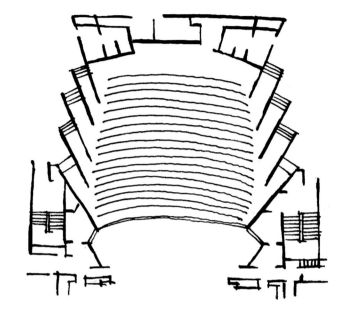

- **G剖面设计**

  剖面是影剧院设计中最重要的图纸之一。首先，在影剧院的使用过程中，舞台、观众厅、门厅、休息厅既相互独立又有机联系，但这些联系紧密的功能通常不在一个水平面上，而剖面图可以很好地说明这个问题；其次，观众厅和舞台都属于大跨建筑，剖面能更准确的反映出结构形式；最后，光学设计和声学设计往往也是通过剖面图体现的，但在快题设计中不会被重点强调。

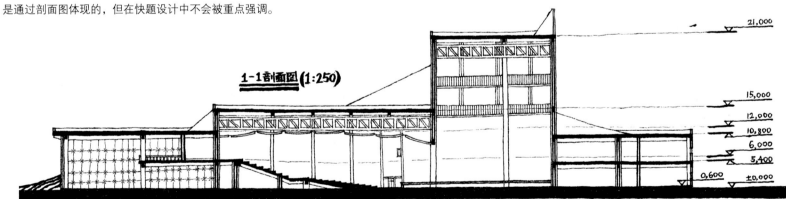

- **3C值**

  C值：观众视线（落到设计视点的视线）与前一排观众眼睛间的垂直距离。

  C=120时，无遮挡设计。适用于小剧场或有特殊要求的剧场。

  C=60时，隔排升起120。中区座位错开布置。

- **常见结构形式**

  桁架（钢或混凝土桁架）；

  平板网架；拱壳结构；

  折板结构；悬索结构。

5.7.7 空间与形式

5.8 │ 交通建筑的设计要求

5.8.1 铁路客站的站址选择

第1点，铁路客站的站址选择基本要求是满足乘降方便。中小城镇的旅客站，铁路线和客站应沿城市的外侧边缘通过，既方便旅客乘降，又不影响城市的发展。大城市的旅客站，尤其有几个站时，它的主要旅客站应利用城市的死角伸入市区或伸入到市区的边缘地带，尽量减少铁路对城市交通和环境的干扰，避免铁路分割城市和影响城市的发展。

第2点，考虑与城市公共交通密切配合。大型旅客站应设在市中心外围的主要干道附近，有多条辅助道路网与主要干道相连。不能使市区的主要干道和城市过境道路通过站前广场，也要避免铁路路线和城市干道平面交叉。

第3点，考虑与城市长途汽车站等其他交通运输设施的关系。

第4点，当大城市从不同方向引入几条铁路时，主要的客站选址应在主要客流线的线路上。

第5点，考虑可持续发展的问题。

第6点，注意地形，技术作业站的选址要节约用地，尽量减少拆迁量等。

第7点，考虑客站对城市的经济发展和城市风貌的重要作用。

5.8.2 铁路客站的功能流线组成与总体布局

⊙ **功能流线：**注意进站流线和出站流线。

⊙ **旅客站的组成：**站前广场、站房、站场客运和建筑设施。

⊙ **旅客站的总体布局及其原则：**流线组织合理。基本流线有3种，分别是旅客流线、行包流线和站前广场的车辆流线。组织流线以进站出站分开为基本原则；旅客流线与车辆流线要分开；旅客流线与行包流线要分开；一般旅客与贵宾和专用旅客要适当分开；职工出入口与旅客出入口也要分开。流线设计的要求是首先要分清进出站的顺序；做到流线简捷、通顺，避免相互交叉、干扰和迂回；力求缩短旅客的流程距离。

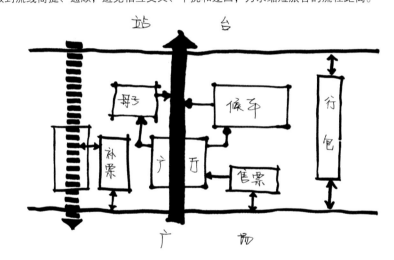

5.8.3 站前广场设计

第1点，站前广场是旅客站的三大组成部分之一，与站房、站场在使用功能上有密切的关系，是旅客站建筑设计中的一个重要环节，同时也是客站与城市联系的"纽带"。

第2点，广场交通组织的基本要求和方法是处理好广场和城市干道的连接，在设计过程中要注意以下3点。

①控制广场通向城市道路交叉道口的位置、数量和开口宽度。

②广场通向城市道路的交叉道口，一般不宜超过2~3处，且两个相邻的道口之间应该保持一定的距离，以便组织车流交织，避免交叉。

③力求各种交通分流，减少相互交叉和混杂。交通分流就是将广场上的人流与车流、客流与货流、进站交通流与出站交通流、机动车辆与非机动车辆、广场交通流与城市过境交通流，以及各种不同的机动车辆如公交、出租、专用等分开，使它们各有单独的走行路线和活动、停放的场所，并将它们之间的交叉减少到最低限度。

第3点，把站房、站场、站前广场和城市道路统一规划。注意站房出入口的位置和数量对广场设计的影响。

第4点，"流"与"停"要分开。

第5点，交通组织要有一定的灵活性，为今后的发展留有余地。

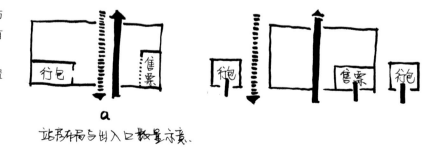

站房布局与出入口数量示意。

5.8.4 站房设计

• 站房布局的形式

⊙ **综合厅式：** 将与旅客有直接关系的候车、售票、行包和问讯等组织在一个统一的空间内。这种布局形式的优点是进入大厅一目了然，易找到各不同的功能部分；可灵活划分不同的空间；候车、服务、检票等活动空间可调节使用；大厅开阔完整，采光通风良好，结构简单。缺点是只适宜旅客在站内停留时间短的客站，如果客站的规模较大、旅客停留时间较长、旅客的组成复杂，这种布局就会造成各种流线的相互干扰，一般较大型的客站都不采用这种形式。

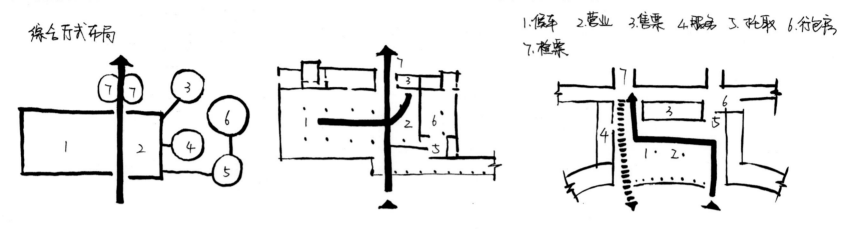

⊙ **候车大厅式：** 将候车区和进站通路组织成一个大空间，构成站房的主体，营业部分采用单独或分散布置的布局方式。这种方式适合旅客在站停留时间较长的客站。

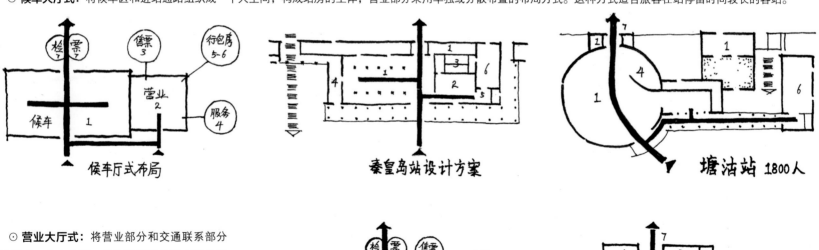

⊙ **营业大厅式：** 将营业部分和交通联系部分组织成一个大空间，候车区采用单独布置的布局方式。这种方式适合旅客在站停留时间不长的客站。

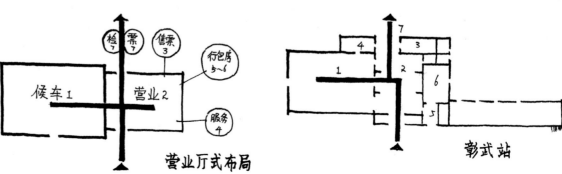

⊙ **分配广厅式：** 大型和特大型站为了有序组织不同车次与方向的旅客，避免人流过分集中和相互干扰，多采用以分配广厅为中心，围绕它布置几个候车室和营业服务部分的平面布局。这种布局方式的优点是空间划分明确；可以按分线方式划分候车区，便于组织管理和客运服务；结构构造简单，通风、采光易于处理。缺点是若处理不当，横向候车室易形成"袋"形候车室，尤其是二层的"袋口"处旅客易聚集堵塞。

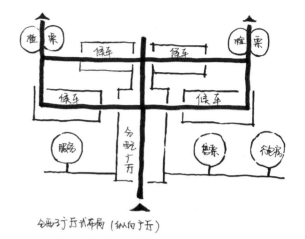

分配厅方式布局（纵向于厅）

● **站房主要用房设计**

⊙ **旅客出入口：** 出入口的位置一般根据站前广场的道路关系和交通组织来确定。入口靠近站前广场上主要交通车辆的进站停车场，让步行旅客容易找。出口靠近站前广场上主要交通车辆的离站停车场；与入口保持相当的缓冲地带。

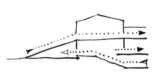

入口设在上层，出口设在下层，利用上下层分别组织进站站人流，有利于站前停车场的布置和利用。

旅客经纵向入口

地道纵向直接引入站房地下厅。或站前为停车广场，适用于当站口平面上在不甚繁杂时，出口设在站房右侧时，利用地下厅将大量的进站人流引导到地下厅，一定程度之外避免进站出站人流交叉干扰

⊙ **候车室：** 候车室的位置应尽可能靠近站台和跨线设备。平面上可分为横向集中式布置、横向分线式布置和纵向分散式布置等。

⊙ **售票处：** 售票处的位置应布置在进站流线中靠前而且明显易找的部位。

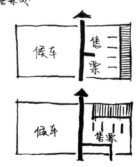

售票处位于进站流线一侧，位置明显易找，一般单独设开，使用方便，流线短，适用于大中型站，用于小型站不单独设开，售票口直接开向候车厅。

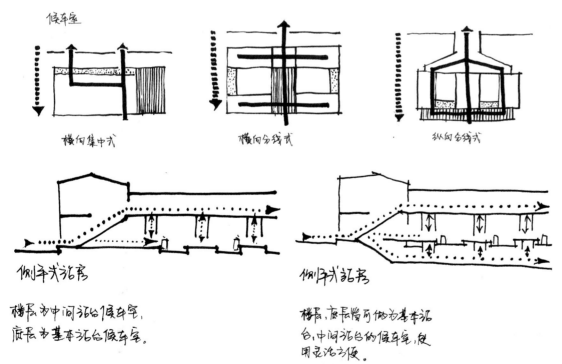

候车室

横向集中式　　横向分线式　　纵向分线式

侧平式站房
楼层为中间站台候车室，底层为基本站台候车室。

侧平式站房
楼层，底层均可作为基本站台，中间站台的候车室，使用灵活方便。

侧下式站房
底层为中间站台候车室，楼层为基本站台候车室。

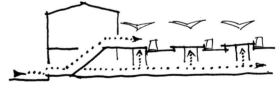

⊙ **候车室的功能分区：** 分为候车区、通行区、检票区和服务设施区，各区有机结合、互不干扰。

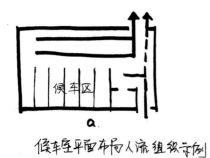 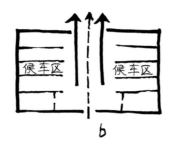 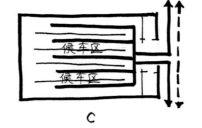 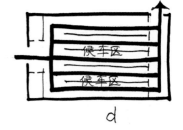

候车室平面布局人流组织示例

5.8.5 空间与形式

透视图

5.9 | 小学建筑的设计要求

5.9.1 熟悉小学学校的使用功能

第1点，在大量公建中，学校建筑房间多、面积大，但房间类型少，组织简单，建筑组织可简可繁。

第2点，内容较为全面，有总体布局，校园环境设计，单体建筑设计。

第3点，小学学校人流量大，活动集中，规律性强，有利于对垂直交通及水平交通的组织，利于理解防火规范的诸多规定。

第4点，基本为走廊式组合形式，注意掌握组合规律。

第5点，学校建筑在组合形式上、外观处理上自由度较大，可充分发挥构思能力。

5.9.2 选址与总平面设计

• 学校用地及校园内部环境

第1点，规模在12个班以上的学校，在选址时应考虑到能布置出长轴为南北向运动场的位置及所需尺寸。

第2点，用地周边宜规整，便于充分利用。

第3点，应有较好的地质条件（较高耐压强度，适于植物生长的土壤等）。避开各种不安全区域。

第4点，不应有架空的高压输电线经过。

• 校园外部环境

第1点，外部环境应该首先考虑安全问题。

第2点，适宜的教育环境。

第3点，良好的卫生环境（污染源上风向）。

第4点，拥有合理的学校服务半径。中学服务半径不宜大于1000m；小学服务半径不宜大于500m。走读小学生不应跨过城镇干道、公路及铁路。有学生宿舍的学校，不受此限制。

第5点，周边环境要安静，减少噪声污染。学校主要教学用房的外墙面与铁路的距离不应小于300m；与机动车流量超过每小时270辆的道路同侧路边的距离不应小于80m，当小于80m时，必须采取有效的隔声措施。

• 总平面设计要点

第1点，教学、图书、实验楼应布置在校园中安静的区域，并有良好的朝向。

第2点，办公区域应安排在对外联系便捷，对内管理方便的位置。

第3点，生活服务用房，为保障其对外联系方便及不干扰校内的正常活动，应设有独立出入口，能自成一区，与教学用房有距离。

第4点，体育活动用房应接近室外体育活动场地，形成体育活动区。

第5点，教学用房、教学辅助用房、行政管理用房、服务用房、运动场地、自然科学园地及生活区应分区明确、布局合理、联系方便、互不干扰。

第6点，风雨操场应离开教学区、靠近室外运动场地布置。

第7点，音乐教室、琴房、舞蹈教室应设在不干扰其他教学用房的位置。

第8点，在建筑用地范围内，建筑组合尽量紧凑、集中，以节省建筑占地面积或范围，为体育活动场地创造条件。

第9点，道路系统简明、直接，即满足正常情况下人流顺畅，也保证紧急情况下人员疏散安全。

第10点，结合建筑布局做好景观规划。

第11点，既要满足功能要求又要与周围环境相协调。

第12点，应充分利用和保留学校拥有的原有的自然条件。预留发展用地。

5.9.3　教学用房的建筑朝向与间距

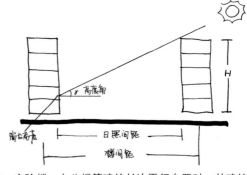

校园内各栋建筑之间，校内建筑与校外相邻建筑之间，其距离应满足消防及卫生间距等有关规定。从全国日照条件来看，良好的朝向为南北向。

⊙ **防火间距：** 防止着火建筑在一定时间内引燃相邻建筑，便于消防扑救的间隔距离。（耐火等级分为一、二、三、四级，一级最高，四级最低。）

⊙ **日照间距：** 日照间距指前后两排南向房屋之间，为保证后排房屋在冬至日（或大寒日）底层也能获得不低于2小时的满窗日照（日照）而保持的最小间隔距离。

⊙ **防噪间距：** 两排教室场边相对时，其间距不应小于25m，教室场边与运动场地的间距不应小于25m。教学楼、图书馆、实验楼、办公楼等建筑长边平行布置时，其建筑防噪间距不小于25m。办公楼、图书楼、实验楼、专用教室（不包括音乐教室）等建筑之间长边布置时，防噪间距不小于15m。如教室顶棚用吸声材料装置时，教学楼与教学楼、图书楼、实验楼、办公楼之间防噪间距不小于18m。

⊙ **通风间距：** 一个房子的居住是否健康、舒适，除了应该有足够的日照时间之外，良好的通风性能也是一个重要的指标。而楼间距过小的话，前楼往往会对后楼的正常通风造成遮挡，使后楼的通风受到影响。

以上快题设计的常见4类因素中，高值为日照间距及防噪间距。故在确定建筑间距时应选此两者中的高值，南方以防噪间距为主，北方以日照间距为主。

5.9.4　学校出入口设计

第1点，学校出入口应面向其所服务的住宅区或大量学生来校的部位。

第2点，学校入口应设于交通方便，上下学安全，车流量较小的街道内。如必须将主入口设于干道，应避免与大量车流出入的单位为邻。

第3点，出入口设计应利于安排教学用房，体育活动场地；利于学校功能分区及道路组织。

第4点，入校后直达教学楼，不应横跨体育场及绿化区；学生进校后也能不经过教学区到达体育活动场地。

第5点，出入口是大量学生集散场所，且时间集中，应有足够宽的校门。校门外应设置视野开阔，较为宽敞的缓冲空间。

5.9.5　普通教室设计的一般要求

第1点，应有足够的面积，合理的尺寸，能满足学生近期与远期的学习要求。

第2点，良好的朝向，充足而均匀的光线，要避免直射阳光的照射，还应设置满足照度要求、用眼卫生的照明工具。

第3点，教室座位布置要便于学生书写和听讲、教师讲课辅导、通行及安全疏散。

第4点，良好的声学环境。

第5点，良好的采暖、换气、隔热和通风条件。

第6点，所需设施要考虑青少年特点。

第7点，利于教学改革引进电教设施的需要。

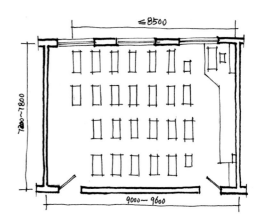

第8点，普通教室适用面积为小学61m²、中学67m²。矩形教室进深尺寸以7200~7800mm为佳，长度以8400~9600mm为佳。矩形教室的优点是经济有效地利用房间面积，结构简单。方形教室的平面尺寸一般为7800~8400mm或者7800~8700mm。方形教室由于进深大，在平面组合时不宜采用单侧采光。

5.9.6 教学用房的平面构成

⊙ **内廊**：教室集中，面积比较紧凑，内部交通线较短，房屋的进深较大，外墙较少，冬季散热和夏季受热面积较小，结构比较简单，管道也较为集中。但内廊使用时间集中，人流拥挤，教室间干扰大，一部分教室朝向较差，教室为单面采光，采光条件较差，内廊的采光一般不足，卫生间往往通风不好。这种组合形式在北方寒冷地区采用较多。其教室安排在走廊南侧，走廊北侧是辅助用房或交通空间。

⊙ **外廊**：这种组合方式由于采光、通风条件较好，视野开阔，与庭院空间联系紧密，教室干扰小等优点，被广为采用。南方采用外廊的方式居多。

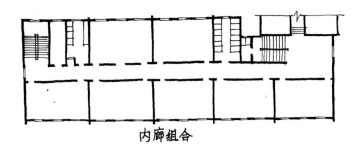

内廊组合

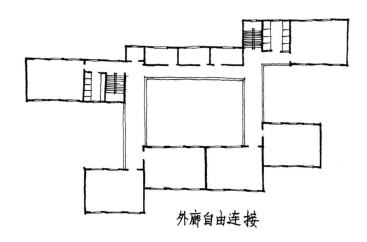

外廊自由连接

5.9.7 空间与形式

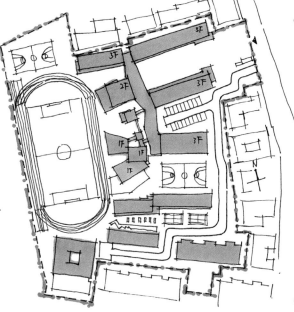

四川德阳孝家镇民族小学灾后重建
8800m² 18教室 活动室 宿舍 食堂 900多学生

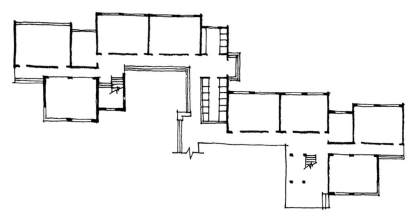

设计在满足校园基本教学功能同时，更多从儿童视角出发，尝试创造 多样的、有趣的 平等的建筑空间去鼓励学生的交流和多元的行为模式，一定程度改良传统被动式的教育方式。

教序 、兴趣 、解放 三种行为

普通教室 音美多功能教室 室外运动场

校园—微型城市 类似城市空间的场所
街巷、广场、庭院、台阶

提供不同尺度的游戏角落和迷宫似的空间体验，激发孩子的好奇心和想象力，自我发现和释放个性

当地材料和工艺，页岩青砖、木材、竹、震后回收的旧砖，使其参与到重建中获得再生的意义。

框架、外露梁柱和部分墙面清水方式处理，立面上均清晰体现交接关系，反映出建构体系的逻辑。

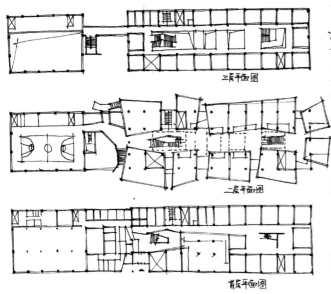

三层平面图

二层平面图

首层平面图

天津西青区某镇小学

48班，普通教室、专业功能教室、食堂、及两操场、办公室、室外活动场地。设计起始于对交流空间的行为和空间模式的研究和分析。将共享的交流"平台"设置在二层，它像三明治一样被一层和三四层的普通教室夹在中间。最大程度上带来该空间使用的易达性和及达性。而各个年级交叉，教学形式相对自由，师生和学生之间交流互动最为频繁的专业功能教室则成为这个交流平台的功能载体。由于功能的特殊性而带来的立面材料和开间节奏的特殊性，构成鲜明的室外视觉特征。

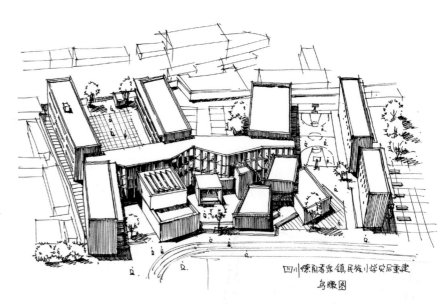

四川德阳某镇民族小学灾后重建
鸟瞰图

Mr.H

Mr.H

■ 重庆大学虎溪校区, 总建筑面积. 12000 m². 涵盖信息类学科教学、科研、办公、会展交流、共享博展等综合功能的核园综合体. 名学院以群组的形式沿长廊延伸. 建筑高度不超过30m. 建筑尺度. 校园肌理.

■ 主型长廊: 城市尺度与校园尺度的交界过渡空间. 糅合了博物馆报告厅、会议中心、档案馆等会展交流. 美术博览. 公共休闲的开放性功能单元. 形成综合体建筑的核心共享交流空间. 连接教学、科研、办公的纽带.

■ 书廊. 形式与大门手法取得一致. 半开敞长廊. 钢架采取玻璃. 丰富的光影变化. 通风换气用子.

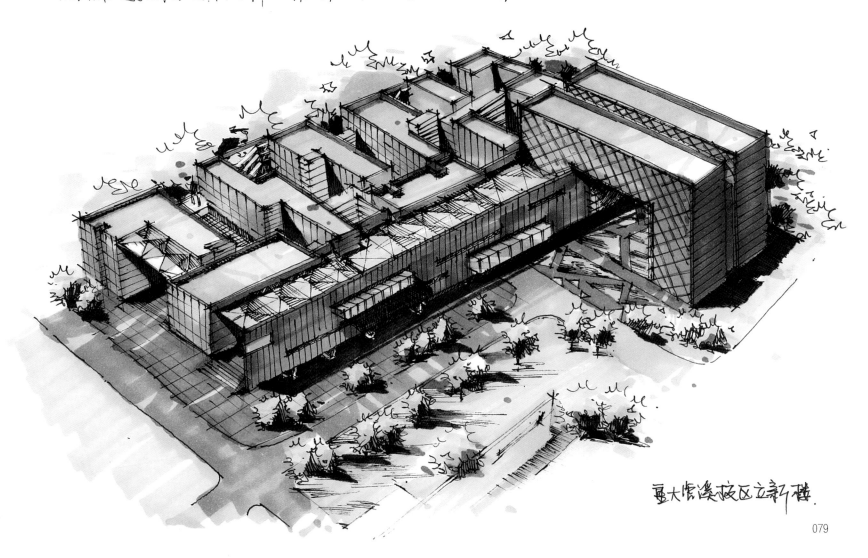

重大虎溪校区立新楼.

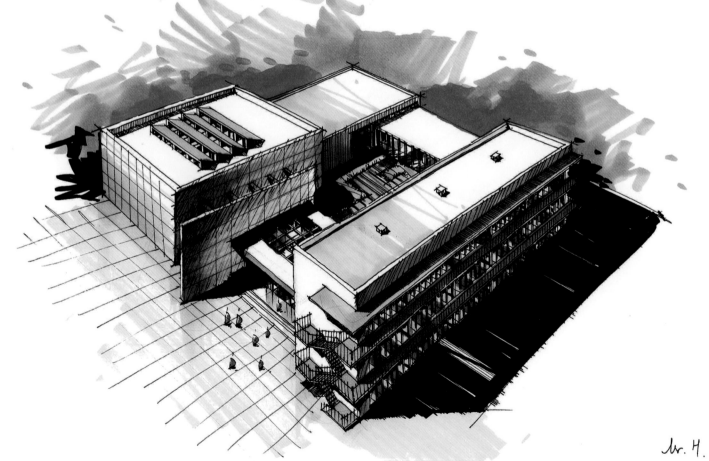

快题设计实战演练

6.1 | 快题设计方法与步骤

6.1.1 审题

- **建筑性格**

  进行设计之前首先要明白建筑的性格，到底是文化教育建筑、公共办公建筑、对内还是对外的建筑？注意限定词，如6个班的幼儿园、县城的图书馆、居住区会馆、公园茶室等。

- **场地特点**

  要明白地块所处的地理位置是平地还是山地，场地周围主干道、次干道的位置，原有建筑的场地特点，环境对场地所造成的影响，以及场地的具体规模等。

- **建筑规模**

  首先要对设计所要求的建筑面积总体把控，同时还要兼顾建筑的层数，整体把握建筑在场地中的规模。

6.1.2 分析

- **功能分析**

  第1点，各功能分区明确，流线要求合理。最好能够画出泡泡图，特别是比较复杂的建筑。
  第2点，各功能空间的面积分配（方块图、面积、形态）。如5个教室，每个教室80m²，则总建筑面积为400m²，那么在基地上大概占多大面积要心中有数。
  第3点，各功能空间的开放程度，空间的对内和对外的关系。
  第4点，各功能空间的朝向要求，主要和次要的房间需求。
  第5点，各功能空间的动静要求，如阅览室、舞厅等。

- **环境分析**

  根据场地周围建筑以及交通的分析确定建筑的主入口位置，相应的进行下一步人流与车流的合理组织，要求人车分流，避免相互干扰。

- **朝向分析**

  通过场地所在的区域环境以及建筑周边的环境，确定建筑以及内部不同功能体块的合理朝向，既要满足相关规范要求，也要考虑一定的人文关怀。

- **景观分析**

  建筑的外部环境设计也是相当重要的考查方面，通过场地分析合理布置建筑的主次广场，运用铺地、绿化以及水体设计形成良好的室内外景观。

6.1.3 设计

● 分区设计

将各功能块按大致面积摆在基地内部，功能块一般分为：主要功能（题目中的设计主体），如3个展厅、3个幼儿园活动单元、一连串的客房、一连串的教室等；从属功能，如办公室、休息室、中型报告厅、餐厅和厨房等；公共空间空能，如门厅、共享空间、连接空间等。

● 交通设计

交通分为两大部分，室内交通和室外交通。

⊙ **室内交通：**"一"字形走廊的组合，带状空间；不同方向的走廊连接处，点状空间；楼梯间的布置，满足疏散要求；不同建筑体块之间的连接，点状空间。

⊙ **室外交通：**主次入口应有连接到场地外道路的通道，主入口前更应该考虑留有入口小广场，且各个疏散出口都需要有道路和场地内的广场或道路连接。另外，需要考虑人车分流，车流入口应避开道路交叉口，留有一定的距离进入场地，并根据题目要求考虑是否设计停车场。

● 形体设计

快题设计中，建筑最好做成几个功能不同的体块连接，一方面容易区分功能，另一方面容易切合地形做出适合场地的建筑形体。一般用规整的长方体、正方体、圆形做各种功能体块比较好。尽量少运用不规则的、无圆心的、无逻辑的形体做建筑体块，避免产生柱网布置困难，房间形状不好用，体块交接不清晰的各种矛盾等。

6.1.4 建筑设计手法

● 手法的含义

建筑设计手法是指运用"几何分析""建筑的轴线""建筑的虚实处理""建筑的层次""收头方法""建筑的尺度""空间的组织"和"建筑形态的意象性构思"等一些建筑方案设计生成过程中运用的动作处理来达到功能形态的和谐性以及生成逻辑的合理性的手段或方法。手法比技巧抽象和有情趣，它贯穿于立意构思到细部处理。

● 建筑设计手法运用

⊙ **布局性手法：**将意向具体化，把形式转化为形象。将建筑语言化、符号化，产生众所周知的共识性符号，然后纳入自己的作品中，如门窗、檐部、栏杆、踏步等。把朦胧、抽象的想法落实到具体的建筑形象，首先要善于思考，即形象思维，或称视觉思维，心目中的建筑形象，既包括历史和现实的，也包括自己萌发出来的形象。

⊙ **单体处理手法：**布局完成后要研究具体形象的细节安排，如门窗要考虑比例、高低、大小、前后、明暗、色调和材质。

⊙ **细部处理手法：**细部即细小处、局部，室内装饰视距近、对象具体，细部很重要，尤其是材质、色泽、转折、过渡、收头。

⊙ **几何分析手法：**把建筑抽象为最简单的基本形体，研究其形式关系，这就是几何分析法。是一种从大处着眼的方法。

⊙ **建筑形象的轮廓线：**建筑设计要考虑建筑高度对于整个城市天际线的构图影响。如上海外滩建筑群、巴黎埃菲尔铁塔、阿尔及尔英雄纪念碑、北京人民英雄纪念碑、西安小雁塔、印度泰姬陵等城市天际线构图。

⊙ **黄金分割：**建筑设计在构图比例上符合一定美感，包括平面设计中各功能的比例关系，立面设计中表皮、材质、窗户等元素的舒适比例关系等。如直角三角形中两条直角边比例为2:1，以短边长截斜边，斜边剩下长度截上直角边，交点两侧比为黄金比。此比构成的矩形最和谐。

⊙ **古典主义三段式：**建筑立面划分方式及比例，通常表达建筑的严肃及仪式感。在古典主义建筑中檐部、柱廊、基座之比为1:3:2。

⊙ **收头方法：**对一个形体的边界、或起始、或终止、或转折进行处理，使之有一个完美的交代，这就是收头。形象终止也要有交代。不同的材料平面交接、不同的材料立体交接，两个立方体相贯需要有咬合部，不能面面相贴。通过对位关系，确定收头之处，使边界与边界的位置界定清晰。

6.1.5 建筑设计虚实与层次

• 建筑的虚实处理

　　虚和实即物质实体和空间，如墙、屋顶、地面为实，廊、庭院、门窗为虚。虚又可以引申到实墙的凹面，因为凹面增加了阴影和空间，而实又可以引申到凸面，因为凸面产生了阴影空间。

　　⊙ **建筑立面的虚实法则：** 左右的虚实法则是对称性的，左虚右实和左实右虚等。

　　⊙ **虚实的节奏关系：** 大虚大实、小虚小实，以实为主和以虚为主都可以。随机的、似对称非对称的较难把握。上下关系的虚实是不对等的。一般上下的虚实可以用古典主义三段式来处理，如罗马斗兽场，三层虚的连续拱圈上是一层实墙，显得有一定视觉重量，立面形象完整，券间墙都作倚柱，其凹凸和阴影的作用也增加了形象虚的成分。

• 空间和实体的关系

　　空间和实体的关系是空间为虚，实体为实，虚因实而生，实之目的是虚。构成空间的实体因其大小、位置、形状、质地等的不同，会产生不同的构成空间的视觉能量。空间的应用必须用实体来限定和表达，如上海教育会堂中庭空间，用水池切入，楼梯联系上下，玻璃引入街景；中国园林一般一面紧一面松；上海商城入口，既封闭又通透；杭州西湖小瀛洲，水中有岛，岛中有水，虚中有实，实中有虚。

• 建筑群的虚实分析

　　北京的传统民居是组织了外实内虚的空间。现代居住区将密集的住宅做成开放式，然后与公园相邻，空间结构是公园（公共空间）、中庭（半公共空间）、小路（半私密空间）和住宅（私密空间）。苏州网师园东部为多进式布局的居住性建筑，中轴线规划密集，中部为园林主体；水池形成大空间，为了增加层次，将水池东南角和西北角做成港湾形式，以小桥分割；西部以一墙之隔引向建筑，墙下一廊，引入的院子以池水和建筑收头。杭州玉泉以两个观鱼池为中心，组织起两个院落，以景区之空始到建筑之实，又到鱼池之空结束。西泠印社把山顶空间围起来，但围而不闭，宜于远眺，疏密有致。

6.1.6 空间的构思内容与形式

• 空间的组织

　　空间的眼即建筑的关键空间。公共建筑中的关键空间一般为路线相交的门厅，园林建筑中的关键空间一般是院子，住宅中的关键空间是起居室，饭店的关键空间是餐厅，宾馆的关键空间是中庭。

　　⊙ **空间的组成：** 有围（可以有缺口，更生动）、覆盖（有关怀、保护作用）、凸起（如台、坛）、凹入（有隐藏、安全感）、设立（如碑，空间边界不确立）、地面材料不同6种构成方式。

　　⊙ **空间的类别：** 有并置（性质相同排比）、重置（大套小，前套后）、主从（一主数从）、宾主（两个空间性质不同，地位相近，最好有一个过渡空间）、顺序（有顺序关系）和综合性（多种关系）6种空间。

　　⊙ **空间的组合手法：** 一是每个单体空间形式的选取；二是这些空间是怎样组织的。如麻省理工学院宿舍（并置，蛇形弯曲，单元并列）；客厅里沙发围出的一圈（重置）；联合国教科文组织（宾主，秘书处和会议厅间用门厅过渡）。空间既要分隔，又要流通，分平面和立体两方面。平面的有美术馆、金鱼廊、杭州玉泉、上海豫园。立体的两层合一不宜太狭小，宽不小于高，上下层的高宽比最好一样，不宜太扁，如太深感觉较差，上下之间流通部分最好作曲线形状，有动势，并用吊灯或其他有形之物（楼梯栏杆、观光电梯）沟通上下。

　　⊙ **空间的方向性即导向性：** 长方形长为主向；正方形、正六边形、正八边形有静止感；圆形有运动感又有旋转的感觉；直角三角形有三个方向，作公共空间较好；非直角三角形有六个运动方向，有来去匆匆的感觉。如体育馆做成圆形，适合观看比赛，圆形有向心的兴奋性，但不宜开会使用；帐篷结构空间自由多变，宜用于展览会、运动场、健身房、候机楼及文娱游乐场等。

● 建筑形态的意象构思

　　建筑形态的意象构思有两种看法，一是认为建筑形象不含其他意义，建筑形象只要符合自身的艺术法则要求，即变化和统一、均衡和稳定、比例和尺度、节奏和韵律，以及层次、虚实、方向性的要求即可。二是认为建筑形象要反映文化，表达某种意义。

　　⊙ **形的基本心态：** 立方体静穆、理性、方直；长方体理性、划一、有方向性；柱体有确定性、严肃性、纪念性、崇高性；锥体和棱锥有稳定性、永恒性；圆柱体如果高大，运动感强烈，严肃性减弱。建筑形体是由以上这些母体构成的。而建筑设计的文化有一些是由象征符号表现的，如蝙蝠和鱼。隐喻表现，如黑瓦白墙中黑喻水以避火；文字表现，如匾额、楹联等。

　　⊙ **西方古典手法：** 古希腊、古罗马用柱式（陶立克平直喻男性美；爱奥尼奥带卷涡喻女性美）、柱廊、山花、水平檐部、连拱表现建筑形态。中世纪用尖拱（拱中向上升腾）、尖塔表现建筑形态。文艺复兴时期建筑形态表现多用圆和正方形，强调水平构图。文艺复兴以后的古典主义强调严格的比例关系。

　　⊙ **中国古典手法：** 长期稳定不变，宫殿高大，开间11间，饰物多；宗教建筑中的塔又是楼阁，高耸入云，既世俗又至高无上。民居都是分进布局，显示内向。园林布局自由，强调人的个性，树姿顺其自然，池水则求静。

　　⊙ **现代建筑手法：** 形象从原来的建筑抽象出来，表现出为人的情态。赖特说"我喜欢抓一个想法，戏弄之，直至最后成为一个有诗意的环境"。

● 建筑方案设计的运作

　　有人喜欢从内容出发，有人喜欢从形式出发。前者缺少创造性，不是建筑创作，立体不会好，但是基础。后者常用，但要求对基地和设计手法对象要熟悉。还有一种是构成式的，以一个体系为出发点，作各种变换，形成方案，难度较高。第4种是意象性的，把某重意念投射到某种形象上，让人联想，一经点破，越看越像，如聂耳纪念碑 – 琴台 – 耳字，这需要建筑师拥有较高的自我修养。建设方案的设计一般要经过主体分析、环境构思、个性创造3个环节。

6.2 | **快题实战演练**

6.2.1 任务书

项目背景

　　黄河被誉为中华民族的母亲河，是中华民族文化的象征。黄河中游的陕晋大峡谷具有独特的地质地貌，河谷冲沟纵横交错、黄土台塬连绵起伏，非常具有自然观赏价值和科学研究价值，国家在此处建立了国家地质公园。为了配合国家地质公园的建设，拟在国家地质公园入口地段规划建设一座黄河地质博物馆，向游人展示黄河的地质地貌奇观。黄河地质博物馆在设计上应充分体现黄河的地质地貌特色，应充分考虑与环境的融合，同时也要满足现代旅游观光需求。

　　总建筑面积：3000m²（浮动不大于5%）。

基本功能要求

展览陈列部分：1200m²。基本展厅（不小于500m²）、专题展览室、临时展览室；（不包括室外展览场地，基本展厅须表示出展台展架的基本布置方式）。

保管储藏部分：400m²。接纳、登陆、编目、化验、消毒、暂存库、藏品库、档案室等。

修复加工部分：200m²。修复室、模型室、美工室等。

学术研究部分：300m²。研究室（5个）、资料室、阅览室等。

管理办公部分：300m²。馆长室、办公室（至少3个）、会议室、接待室、值班室、保安监控室等。

观众服务部分：600m²。门厅、休息厅、报告厅（150座）、售票室、吸烟室、小卖部、冷饮吧、厕所、寄存、楼梯等。

设计注意事项

第1点，各部分面积允许进行适当调整。

第2点，建筑高度控制在三层以内，可考虑下沉式房屋，但不适宜设计下沉式广场。

第3点，建筑结构的要求不限，但必须予以说明。

第4点，总平面布局须考虑基本绿化，不适宜设置大面积景观水面。

第5点，要考虑20辆小轿车当量的室外停车场。

第6点，用地必须在相邻的两个方向留有出入口。

图纸要求

总平面图：1:500。

各层平面图：1:200。

立面（两个，其中一个表现主要入口立面）：1:200。

剖面（两个，其中一个表示楼梯剖面）：1:200。

空间形态表达（透视、鸟瞰、轴测不限）。

设计构思、概念分析、创意说明或节点示意等。

图纸的图幅不小于A2，张数不少于2张，质地不限。

画图的工具和方法不限。

地形图如右图。

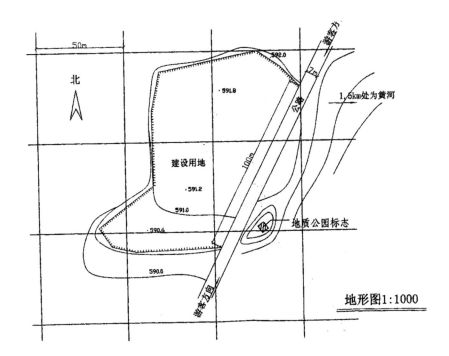

6.2.2 分析解读任务书

第1点，如何把握"博物馆"的建筑核心。包括纪念性建筑体现、展览空间的渲染和营造、展览流线的明确和线性。

第2点，"地质"博物馆，在自然环境下，建筑怎样生成于场地，同时又融于自然。

第3点，地质公园标志怎样才能明显，这是题目要考虑的核心"题眼"之一。思考如何让建筑与地质公园标志发生关联并且产生构成关系。

第4点，外环境的营造，停车场的合理布置。

6.2.3 方案生成逻辑

赫佐格和德梅隆在设计"M.H. DE YOUNG艺术博物馆"时，利用首层建筑平面与二层建筑平面形成叠加的扭曲形态，使得建筑与基地肌理更好地切合，将建筑的一个景观塔旋转，正面朝向城市轴线。

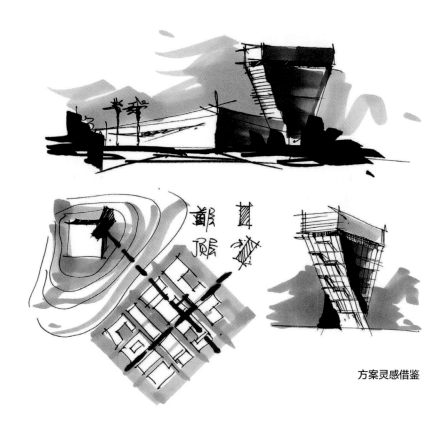

方案灵感借鉴

整个场地流动而不规则，但与之对应的地质公园标志似乎是方案生成的很好切入点。方案从精神层面借鉴了赫佐格和德梅隆的"M.H. DE YOUNG 艺术博物馆"，平整的建筑边界线与基地呼应，旋转的景观塔与地质公园标志相应和，顺应了整个轴线关系，让建筑与整个场地发生强烈地共鸣。同时整个轴线将建筑切开，功能分区独立明确，使整个建筑的设计难点迎刃而解。

建筑平面生成通过"复制偏移""掏空中庭""旋转景观塔"和"轴线切入"等操作。建筑既融入环境，也整合了环境。

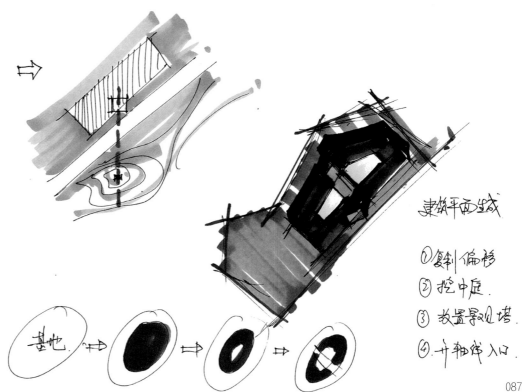

建筑平面形成两个U字形的围合，使建筑展览部分与办公部分以及后勤部分分区独立而又联系紧凑，解决了展览馆设计中的展览流线、办公流线、藏品流线三大流线问题。

大量的停车位也是外广场布置的重点之一，整个停车场也顺应地势生成于基地。

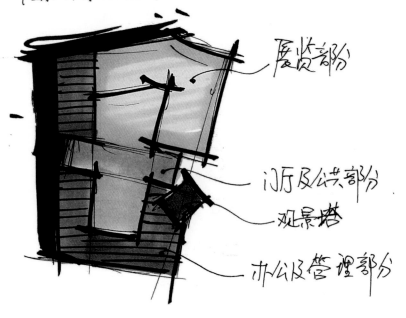

布置功能分区

展览部分

门厅及公共部分

观景塔

办公及管理部分

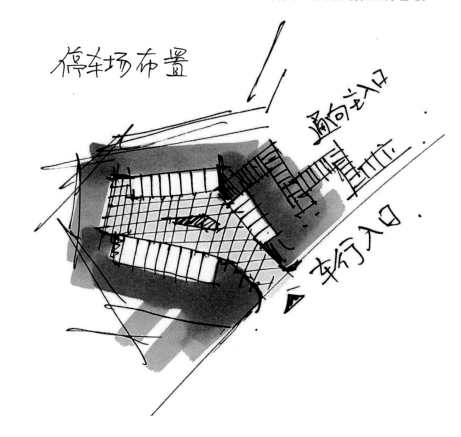

停车场布置

建筑的造型紧扣"地质"博物馆的特性，形体来自于"山"的抽象隐喻，使建筑以最谦虚的态度消隐到整个自然环境中。

黄河地质 → 山 → 裂缝

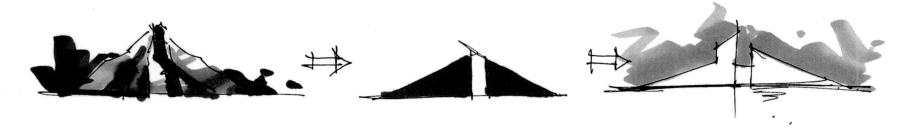

外立面采用统一连续的格栅造型，营造丰富的光影变化，同时使立面更加连续统一。

建筑立面：　博物馆. 不适合大面积玻璃窗. 可用木格栅.

格栅材质.
丰富的光影. 又统一立面.

造型生成.

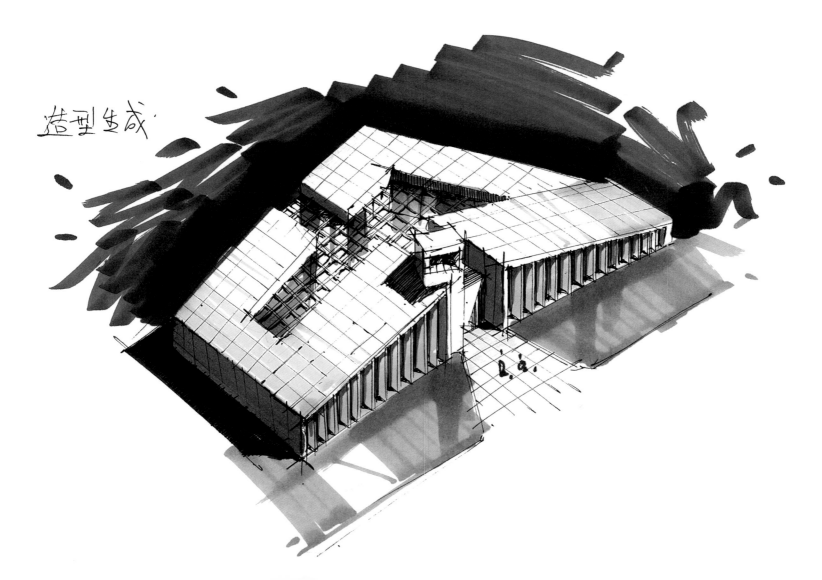

6.2.4 方案完成

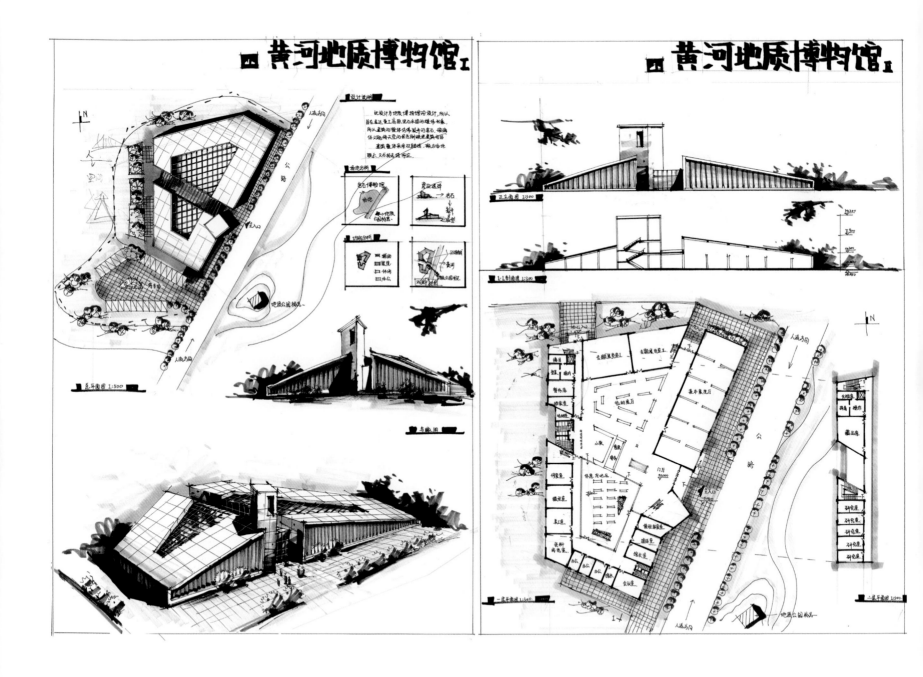

建筑快题设计范例及评析

7.1 | L先生纪念馆设计

1. 任务书

提要

L先生为我国近代历史上著名的书画家，创作了大量的国画与篆刻作品。现拟在他的家乡N城兴建一座艺术家的个人纪念馆，以纪念其艺术成就。

基地选址于L先生故居所在的地块。地块的西北角为艺术家故居，故居为一灰砖坡顶二层小楼，建于19世纪20年代，至今保存完好，现为L艺术基金会的办公场所。新建的艺术家纪念馆与基金会办公楼在功能上相对对立，但是需要统筹考虑办公人员的出入和联系。纪念馆主要包括3个部分：L先生艺术作品的固定展览、展览其他书画家作品的临展厅和介绍L先生生平的多媒体厅。除此之外还包括序厅、服务部、办公用房、库房等。基地内须考虑4~5辆车的内部办公停车场地与10辆左右的公共停车场地。

建筑设计上除了需要考虑一般展览建筑的要求之外，还需要考虑纪念性建筑的要求，使参观者对于艺术家的生平、事迹有更深了解。

内容

序言厅：100m²。 　　办公室（20m²×4）：80m²。

多媒体厅：100m²。 　储藏间：50m²。

书画厅（200m²×2）：400m²。 资档室：60m²。

临展厅：100m²。 　　库房：100m²。

观众服务部：100m²。 　门厅、厕所、交通等面积：自定。

讲解员休息室（20m²×2）：40m²。 （总建筑面积不超过1800m²）

要求

总平面图：1:500。

各层平面：1:250。

立面图（2个）：1:250。

剖面图（1个）：1:250。

表现及分析图：数量与方式不限。

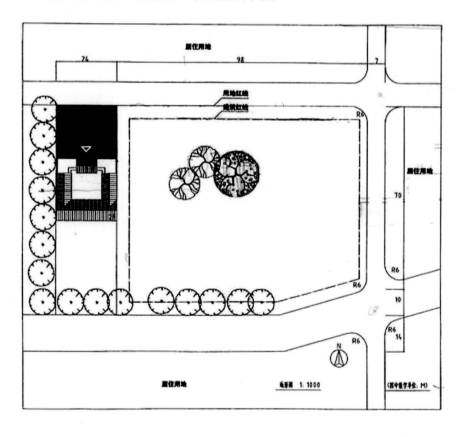

2. 分析解读任务书

纪念馆设计在建筑快题考试中较为常见，不仅可以考查考生的快题设计能力，同时还能考查考生对文化建筑的处理手法。本套快题的考点如下。

⊙ **功能流线**：该纪念馆设计应充分考虑建筑的功能分区以及相应的展览流线。

⊙ **建筑性格**：结合建筑西侧的名人故居设计建筑的外形。

⊙ **古树的处理**：将建筑与环境相结合，既不能破坏古树，也要更好地利用其景观价值。

3. 优秀快题案例评析

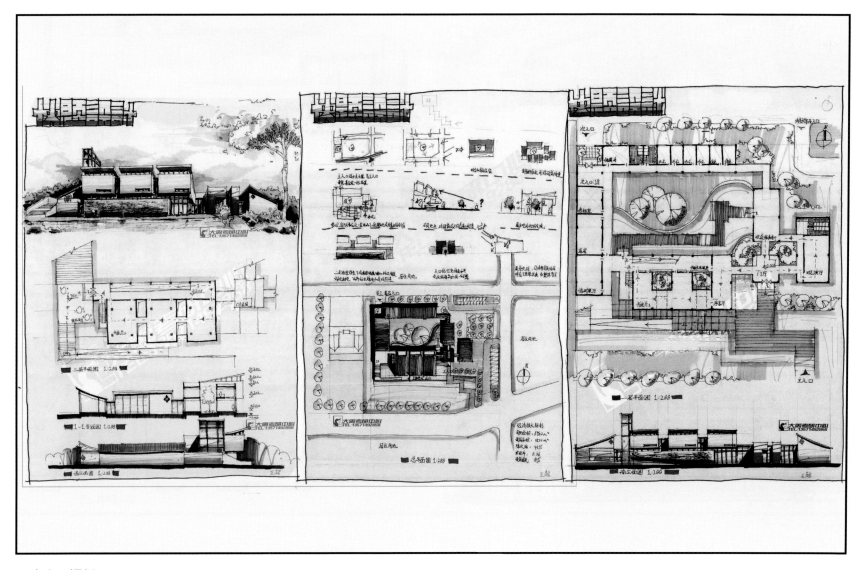

● 方案一评析

　　本方案功能分区明确，流线合理；建筑的总平面与名人故居形成了良好的呼应；入口的处理运用到了中国园林中"欲扬先抑"的艺术手法，曲折迂回，饶有趣味；建筑造型上3个展厅序列重复，底部文化墙具有中国特征，左侧坡道设计新颖；但缺点是场地内原有的古树位置向南侧移动了，且坡道的坡度不符合规范。

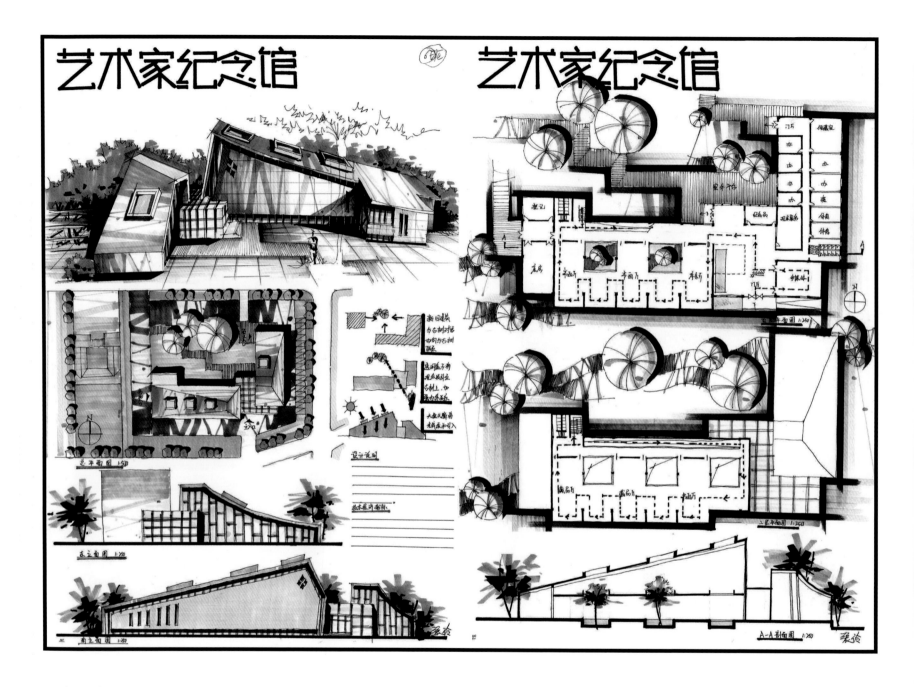

艺术家纪念馆

艺术家纪念馆

● 方案二评析

　　本方案功能流线合理，建筑造型巧妙地运用了坡屋顶来呼应西侧的名人故居；虚实结合，用一个玻璃体块来连接两侧的建筑实体，设计感强；整个图面排版均衡，用色统一，线条熟练，有很强的整体感；效果图表达清晰；但缺点是二层疏散距离较长，总平面外环境设计欠缺。

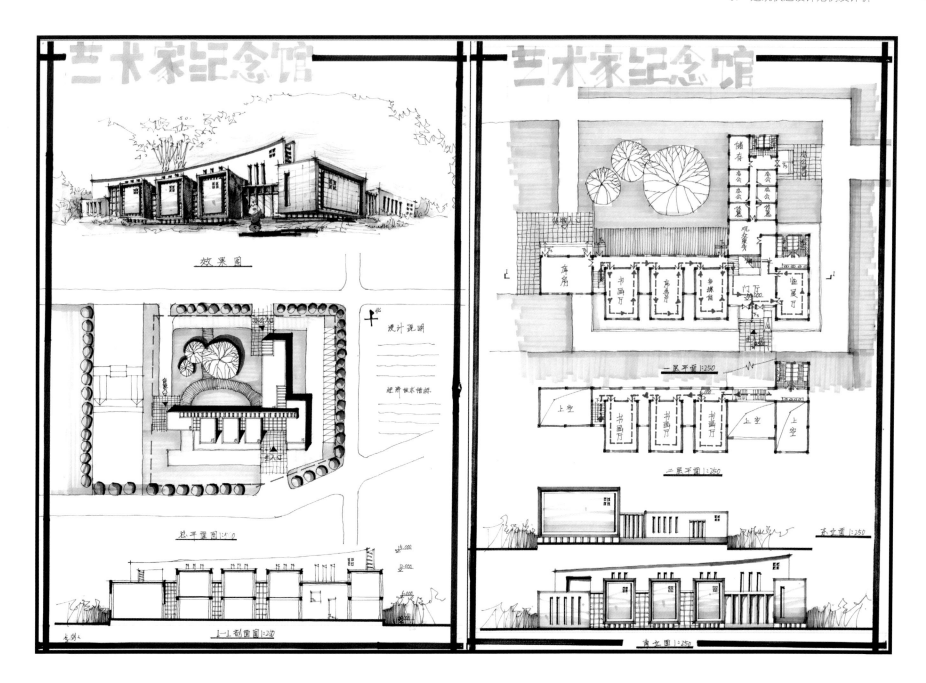

- 方案三评析

　　本方案建筑平面设计简洁，流线合理；最大的亮点在整体建筑元素的使用，传统徽派建筑的白墙灰瓦简化成黑色压边，同时配上简单的梅花窗，一种传统的感觉扑面而来；4个相似体块的重复，既具有秩序感同时又富有变化；但缺点是建筑的场地设计方面有所欠缺。

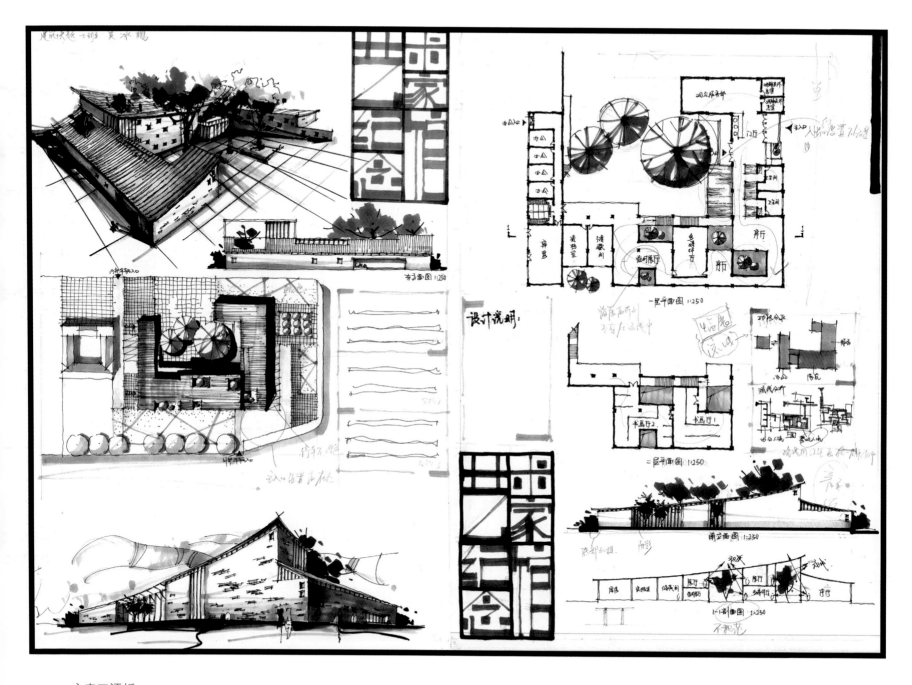

- 方案四评析

　　本方案在平面中将景观元素引入，在L形的基础上做出简单的凹凸变化，将环境与建筑融为一体，同时也塑造了良好的空间内部感受；建筑的形体很好地体现了文化特质；整体画风干练统一；但缺点是存在少许流线混乱与过长的问题。

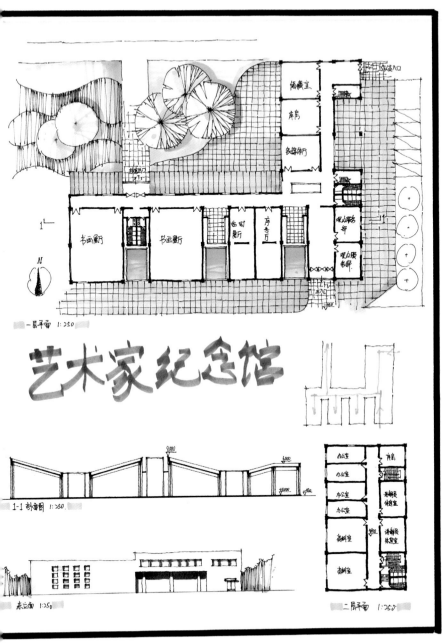

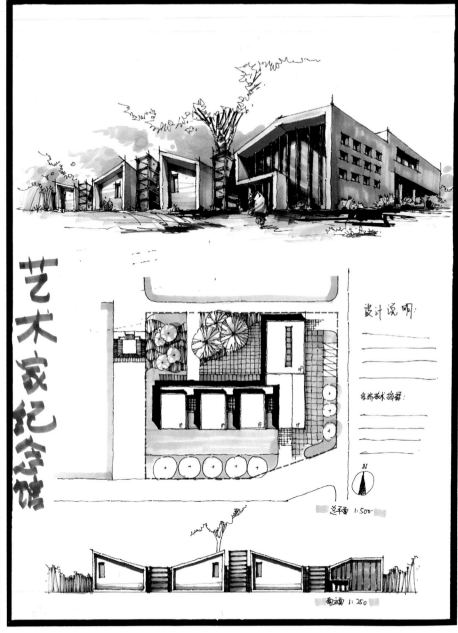

• 方案五评析

　　本方案将简单的L形平面进行丰富的造型设计，梯形的建筑立面是对坡屋顶的另一种隐喻；在统一的包板中加入玻璃元素增加了相互之间的光影变化，在沉闷的钢筋混凝土灰色调中加入了暖色调来调节整体的建筑氛围；但缺点是从整体来看排版和外环境设计得过于简单了。

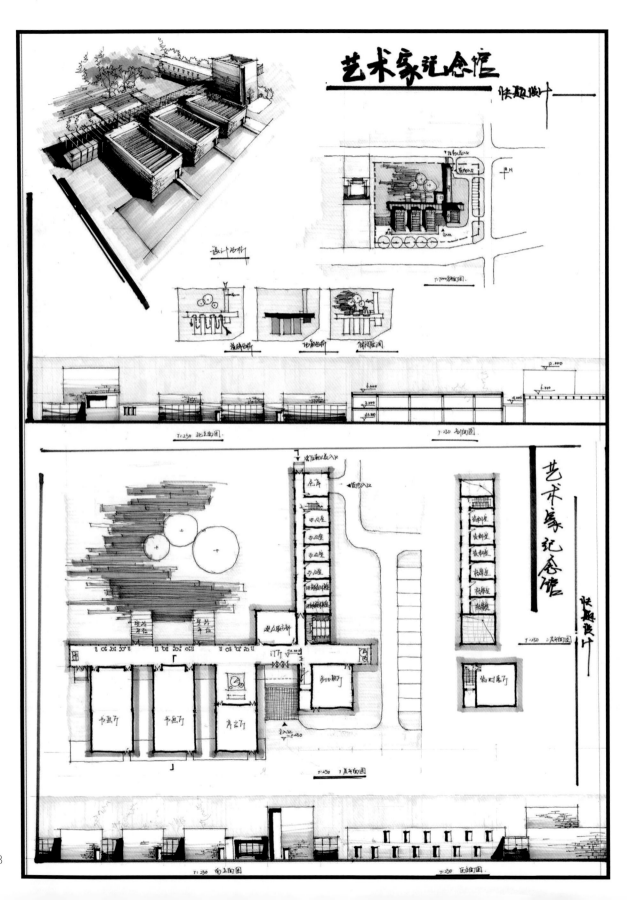

• 方案六评析

　　本方案将传统的木格栅、石材和现代的玻璃材质结合在一起，相得益彰；但缺点是整体排版上内容较少以至于空白版面过多，而且总平面外环境布置过于单一。

7.2 ▎厂房改建设计

1. 任务书

提要

某城市原有滨水粮油仓库一座，整体面积24000m²。由于城市扩张，现已位于城市成熟生活区，欲将其改造为具有城市客栈、餐饮等不同功能的城市服务区域。现拟将其中的保留建筑A、B一体化改造为一座城市客栈。改建时保留原有结构（包括梁、柱、屋架），可以增设柱网，适当加建，并对室外环境进行统一设计。总建筑面积1800m²。

内容

⊙ **客房区**：自己设定至少3种客房类型，如标准间、套间、家庭间和跃层间等。考虑不同类型客房的空间品质，以及和整体布局的关系。客房数量自定。少数考虑可分可合的关系。

⊙ **餐饮区**：餐厅约120m²，其中包括60m²的厨房，20m²作为公共自助厨房。餐厅可兼作咖啡厅。

⊙ **管理用房**：管理用房3间，共约60m²，其中一间为储藏间。

⊙ **活动用房**：活动用房为50~80m²。

⊙ **其他部分**：主要包括门厅、休息区、楼梯、公共卫生间等公共部分。场地内考虑4个小车停车位。

要求

总平面图：1:500。

各层平面图：1:200。

剖面图：1:200。

立面图（两个）：1:200。

客房类型及使用人群分析图。

时间：6小时。

2. 分析解读任务书

该任务书乍一看图面很丰富，难免给人复杂繁冗的感受，但是细细读下来就能发现其背后的意义只是在于在给定了我们原有的柱网和建筑结构及材质等信息下如何思考建筑设计的生成，如何将改建后的功能与原有的柱网结构相融合便成为了我们设计最开始应解决的问题。后期主要是运用我们的创意来丰富空间形式，以及创造新颖的立面效果，使设计既能反映原有的结构又带有新意；由于建筑周围有大面积场地，所以外环境设计也是亟待解决的一个问题。

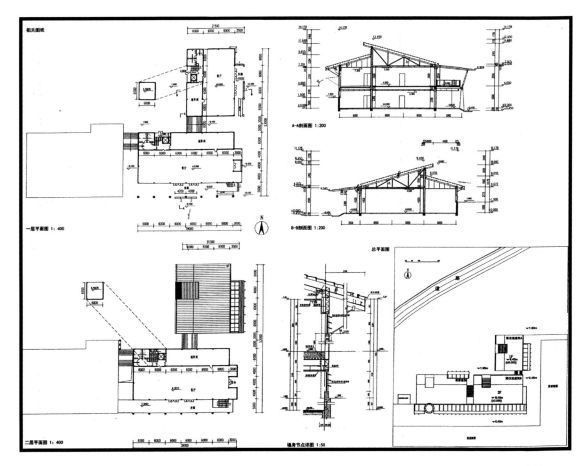

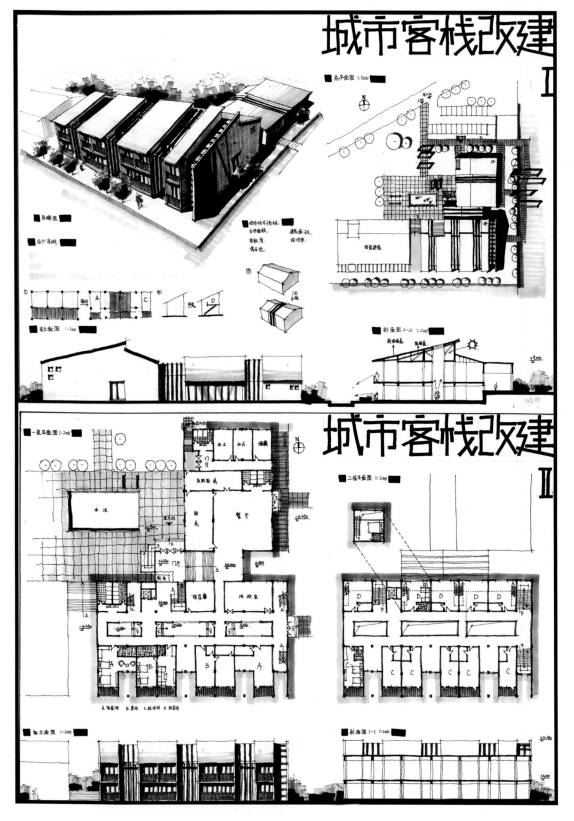

3. 优秀快题案例评析

• 方案一评析

    该方案在原有基础上加入了一个门厅，将两部分功能联系在一起；客房区合理地利用原有的柱网，在开间4m的基础上灵活处理空间，或增加室内空间的种类，或在入口部分做出公共活动空间；在建筑的立面上化整为零，呼应内部空间，用活跃的格栅对应内部公共空间。

- 方案二评析

　　该方案从总平面设计中可以看出设计的两个亮点，第一个是总平面设计采用了简单的同构手法和人车分流；第二点是建筑的立面设计采用了廊架的手法，廊架不仅能够增加整个建筑的光影关系，也能带给人一种结构延续的视觉冲击，同时黑白灰的表现手法更能体现这一优势。美中不足的是客房的形式太过单一了。

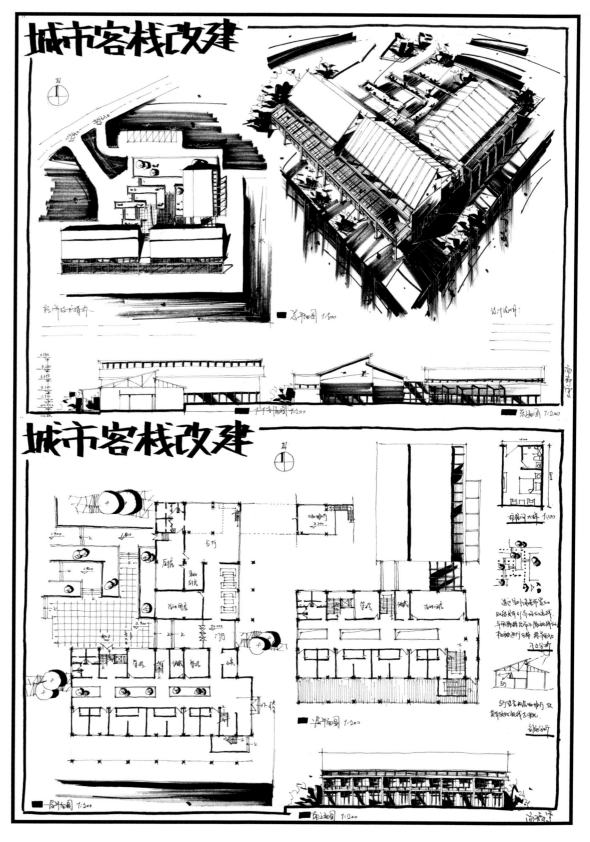

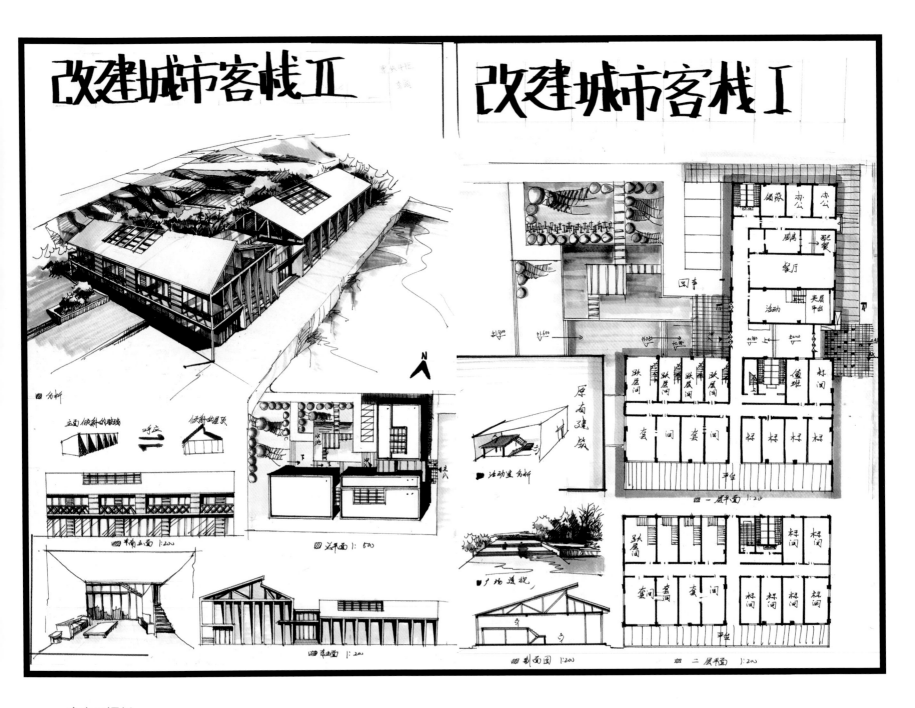

- 方案三评析

　　该方案最大的设计亮点在于改建的立面处理，用简单的木色和玻璃材质在立面以及第五立面上做出了丰富的变化；将两个体块的连接处设计成建筑的主入口，使得建筑的广场与自然的湖水相贯通；但缺点是建筑内部空间设计上相对较弱，未能良好地利用柱网，而且大面积北向的客房以及封闭的卫生间使得平面设计并不是特别合理。

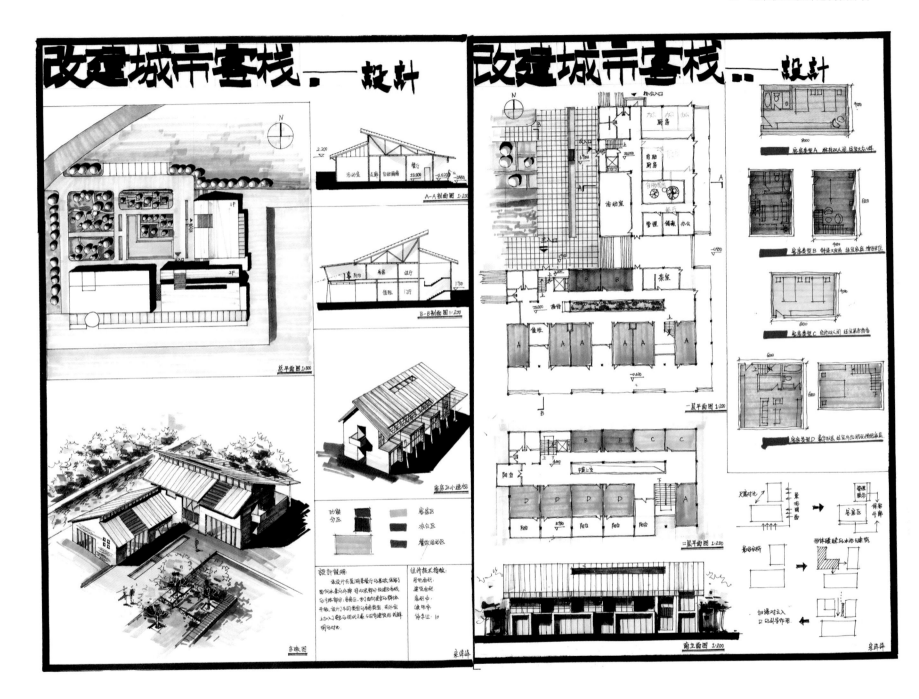

• 方案四评析

　　该方案总平面设计规整，将湖水引入建筑的前广场，简练的通过点、线、面的构成，将前方的场地设计很有秩序地组织起来；建筑的总平面设计与整个场地设计很融洽的切合在一起；在整体版面上大胆运用彩色块，让人不禁想起蒙德里安的构成手法。

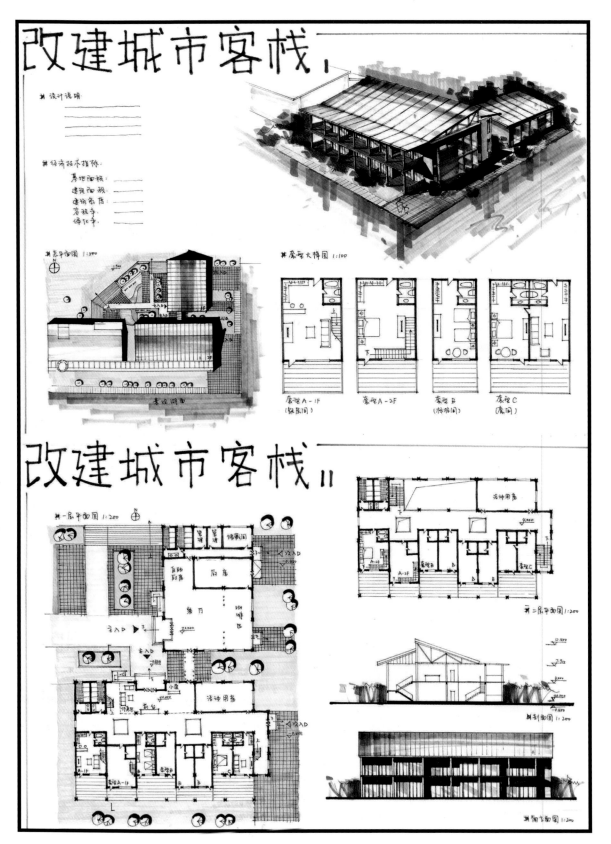

• 方案五评析

　　该方案的设计亮点在于客房的处理方式，第一客房类型全面，形成了套房、跃层、标准间的灵活切换；第二客房的错位布置使得建筑内部产生趣味空间，并且在客房的南部形成了大面积公共活动平台。但缺点是两个建筑体块的连接处太过于单薄，给人两个建筑的错觉。

7.3 ┃ 城市博物馆设计

1. 任务书

场地要求

长江中下游某海滨城市旧城区，形成于19世纪末20世纪初，根据该区历史形成的风貌特点，结合该城市发展的需要，此区最终被规划部门确立为商业及文化休闲区，成为为市民及外来旅游者提供休闲、观光、购物的场所。城市博物馆建设地参见"用地红线图"，建筑后退红线距离可根据城市景观、场地交通以及相关规范的一般要求自行控制。

主要功能

城市博物馆主要为市民及来访者提供展示该城市的历史文化、民俗风情、著名人物及历史事件等的场所。

内容

⊙ **陈列区：**基本陈列室、专题陈列室、临时展室、室外展场、进厅、报告厅、接待室、管理办公室、观众休息室、厕所等。

⊙ **藏品库区：**库房、暂存库房、缓冲间、制作及设备保管室、管理办公室。

⊙ **技术和办公用房：**鉴定编目室、摄影室、消毒室、修复室、文物复制室、研究阅览室、管理办公室、行政库房。

⊙ **观众服务设施：**纪念品销售及小卖部、小件寄存所、售票房、停车场、卫生间等。

⊙ **总建筑面积：**4000m²（误差100m²）。

成果要求

总平面图：1:500，附必要的说明文字或注释。

各层平面图：1:200，应标注轴线尺寸及总体尺寸。

立面图：1:200，至少两个立面。

剖面图：1:200，应在关键位置标高。

外景透视图：不小于A4纸大小。

时间：6小时。

2. 分析解读任务书

该任务书的考点主要有以下4点。

第1点，新建建筑应体现出博物馆厚重、现代的建筑性格。

第2点，在保证原有人流路径的同时，合理组织地形内的各种流线。

第3点，建筑围合出的正负形都需要积极应对场地周边建筑带来的压迫感，建筑应具有标识性的特征，突出建筑。

第4点，注意主要功能展厅区与库房、办公等附属功能区的联系。

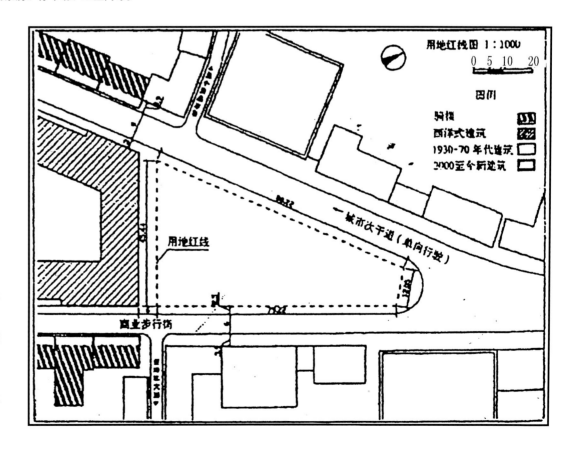

3. 优秀快题案例评析

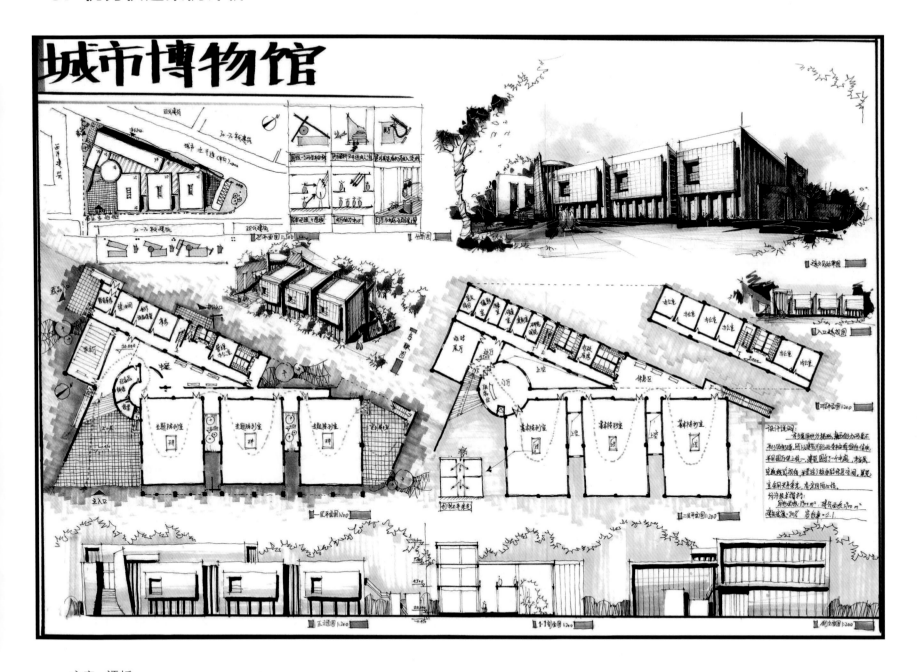

- 方案一评析

    本方案运用了相同母题重复设计的手法，3个展览空间重复出现产生韵律；根据地形组织排布出附属功能区，圆形大厅将公共空间和办公空间统一联系在一起，不同功能区相互独立又有机联系；入口前大台阶的设置使纪念性建筑更加有气势。不足之处是卫生间的面积和朝向布置不合理。

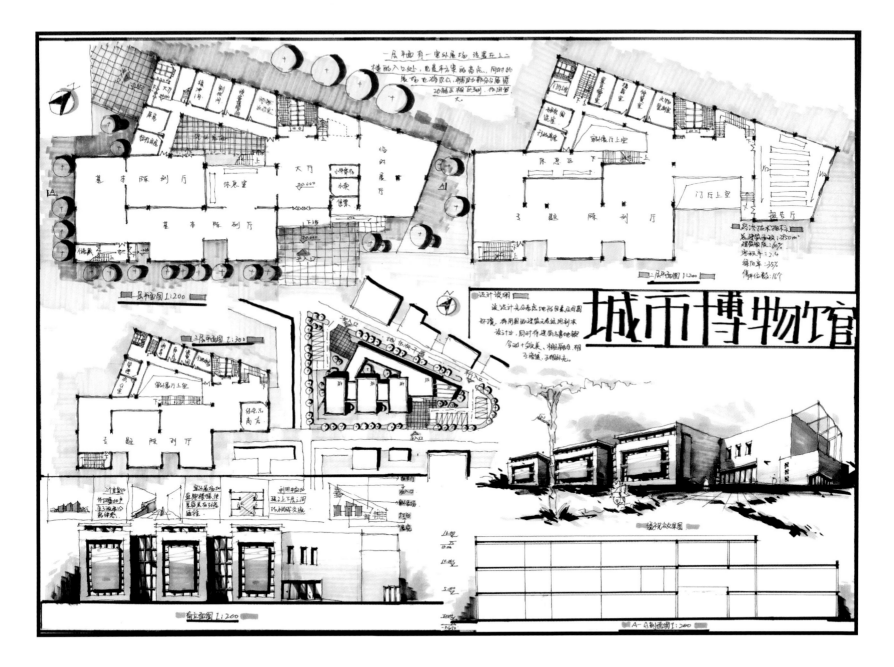

- 方案二评析

　　本方案在展厅的形式处理上运用了展厅最常用的3个展馆空间重复的手法，平面布局上运用了双轴西线的坐标体系，跟地形很好契合的同时也让平面更有秩序和逻辑。在路口处退让广场使得道路行车减少压迫感。

7.4 ｜ 风雨操场设计

1. 任务书

本训练馆位于我国北方（寒冷地区）某高校校园内，是一座主要为体育教学和师生体育活动、服务的室内体育训练馆。训练馆建设用地东西长96m，南北长52m，具体位置详见用地总平面图。总建筑面积为5000~6000m²。

主要功能

第1点，训练场地须容纳4个篮球训练场地（兼做排球训练场地）和4个羽毛球训练场地。其中排练场上空的净高不低于11m，篮球场和羽毛球场上空的净高不低于7m。

第2点，本训练馆不设看台。

第3点，设置更衣室3间，每间面积50m²；设置男女卫生间各1个，男卫生间不少于4个蹲位和5个小便斗，女卫生间不少于8个蹲位，男女卫生间均需设置前室。

第4点，设置办公室4~6间，每间面积18m²。

第5点，健身房200m²，内设各种健身器械。

第6点，健美操排练室200m²。

第7点，库房100m²，存放运动设备；值班室18m²。

第8点，其他方面可根据设计者对高校体育训练馆的理解自行确定。

设计要求

第1点，设计须符合国家的相关规范要求。

第2点，设计时应注意体育馆与周边环境的关系，尽可能地减少体育馆对其北侧学生宿舍的影响。

第3点，建筑层数、建筑结构形式和建筑材料不限，设计者应尽量考虑自然采光和通风。

第4点，设计者须明确训练馆的结构形式，并应在图中有正确的反映。

必须完成的图纸内容	比例	其他可选择完成的图纸内容（以下内容不做硬性要求，设计者可根据自己的设计和空间表达要求选择完成）
1. 总平面	1/500	1 外观效果图（透视、鸟瞰、轴测-自定）必须准确反映空间设计
2. 各层平面图	1/200	2 室内效果图
3. 平面图，1-2个	1/200	3 剖面效果图
4. 剖面图，1-2个	1/200	4 工作原理图
5. 设计构想	不限	5 构造详图
6. 一层平面中须标出轴线尺寸		6 其他设计者认为反映其设计所需的图纸

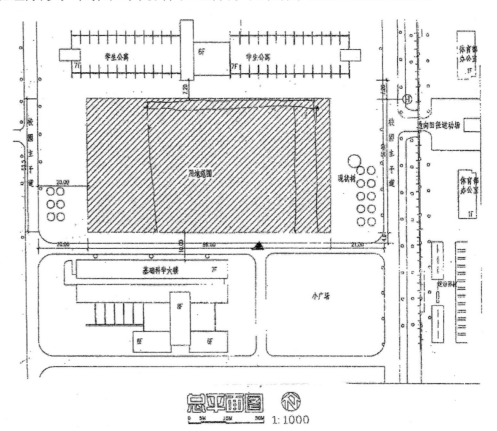

总平面图 1:1000

2. 分析解读任务书

首先，作为一个体育馆建筑与其他类型建筑最大的区别在于"大跨"属性，建筑造型应体现出这一特点。其次，基地周围有小广场、办公楼、宿舍楼等环境，其平面上如何合理地组织以迎合现有环境应仔细考虑。最后，建筑结构的选择应与建筑形式呼应，结构与造型统一。

3. 优秀快题案例评析

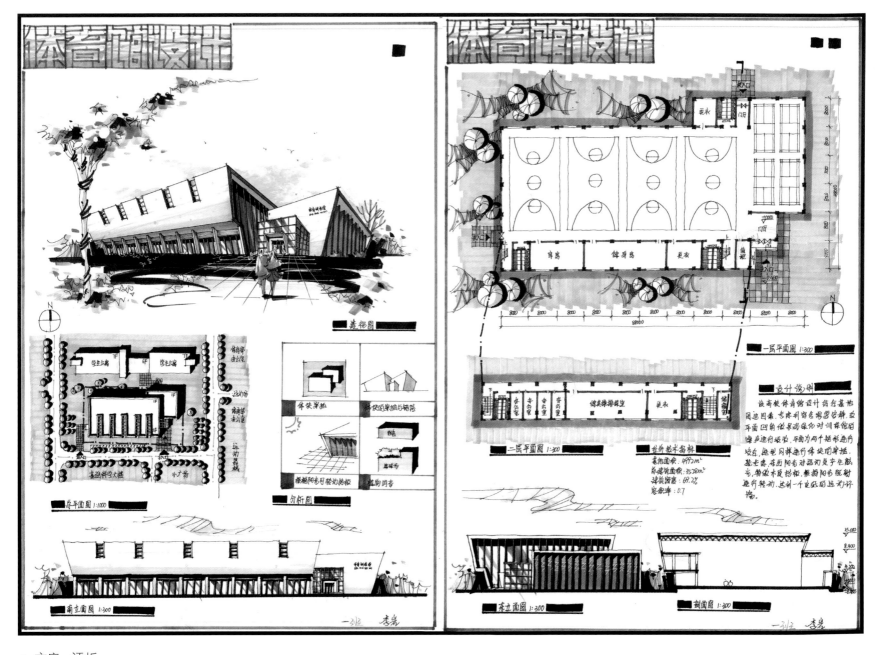

• 方案一评析

　　该方案篮球场部分与羽毛球场部分形成两个大小不同的体块，体块之间相咬合，主从关系明确。通透的玻璃门厅与结实的白墙体块形成鲜明对比，同时有很明确的引导性。整个建筑造型符合"大跨"建筑的感受，简练而有张力。内部功能布置简单合理，流线清晰，大小空间分区独立明确。建筑表达统一完整，制图相对规范。

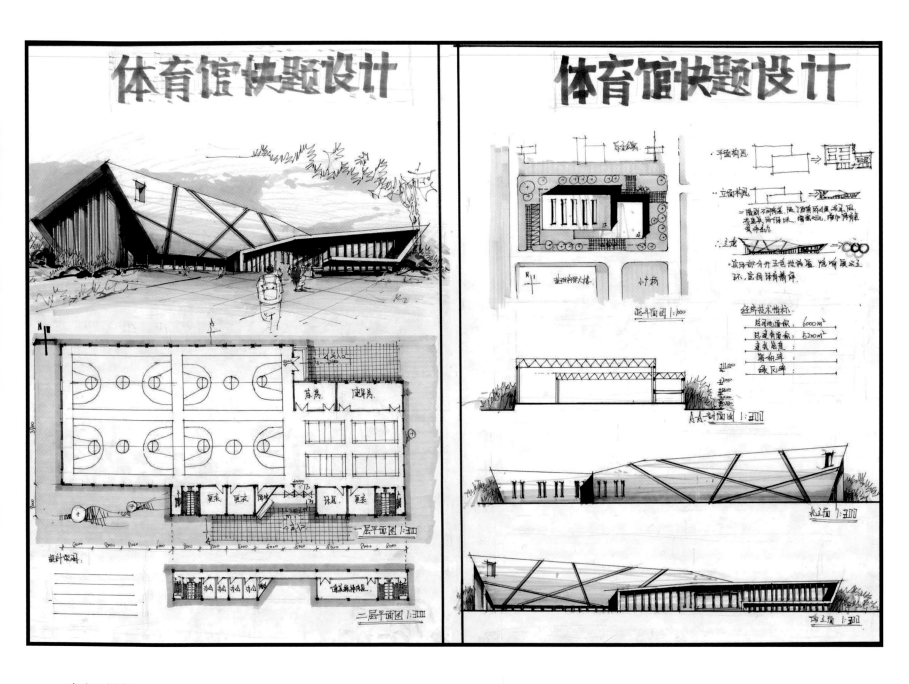

- 方案二评析

    该方案运用同构手法处理小跨度服务型空间和大跨度被服务型空间，整个体块呈向上扬起的动势，符合体育馆建筑性格的张力，包板的形式简洁而有力量。但缺点是彩色的斜线装饰略显画蛇添足。从总体上看，平面布置简洁合理，但入口门厅太过拘谨，开场不够。

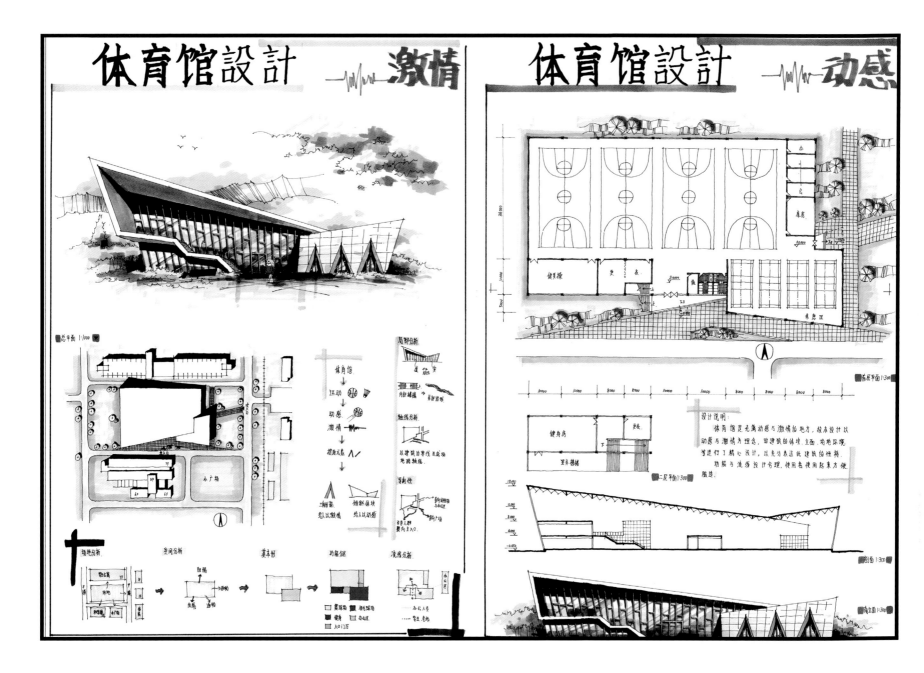

• 方案三评析

两个梯形体块相互嵌入，而里面玻璃幕墙与结实的大理石材质形成戏剧性的对比和冲突。大理石的材质开三角形窗户，体现结构力量的传递逻辑。不足之处在于门厅和入口广场太小。

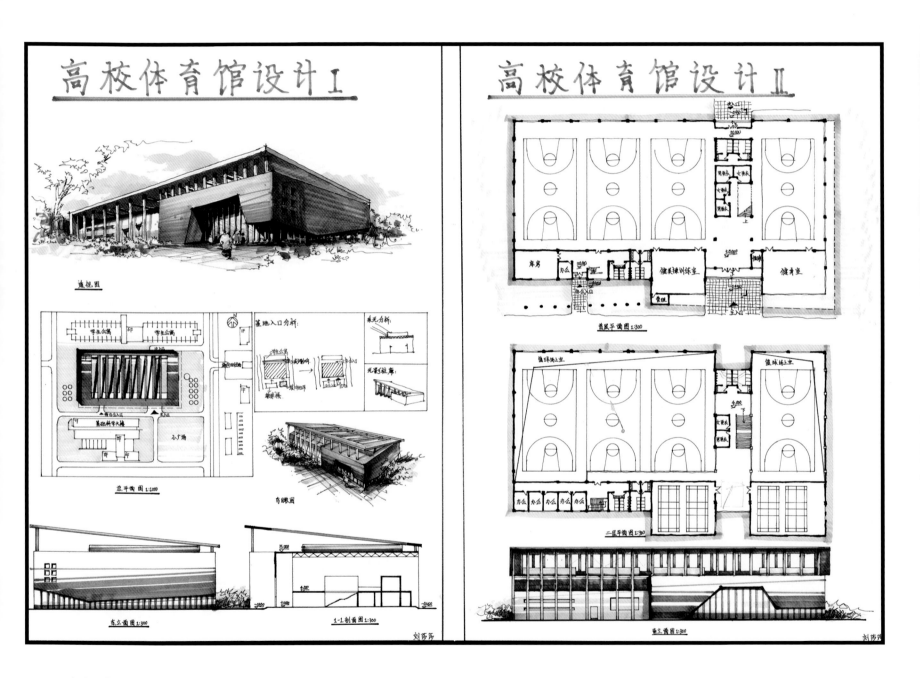

高校体育馆设计 I

透视图

总平面图 1:1000

鸟瞰图

东立面图 1:300

1-1剖面图 1:300

刘莎莎

高校体育馆设计 II

首层平面图 1:300

二层平面图 1:300

南立面图 1:300

刘莎莎

• 方案四评析

　　外立面采用连续的柱廊处理不仅能体现建筑的连续和统一，同时有着丰富的光影变化，柱廊还为空间的营造增强了室内外的联系。红色的建筑造型很有冲击力。缺点是造型上的包板与结构关系不大，形式造型不够统一，建筑内部平面出现了黑房间。

7.5 ┃ 给定框架设计

1. 任务书

基本功能

某海外公司，在大中华地区有多家下属企业，拟在中国选择一个城市建立中国区企业总部，协调管理下属企业和开展对外业务。要求总部设计体现开放、高效、活力的企业文化，总建筑面积不超过3500m²，具体内容如下。

⊙ **公司高管办公室：** 6间，每间60m²。

⊙ **部门办公：** 行政部180m²（包括机房、办公库房各30m²）；人力资源部150m²（包括档案室30m²）；发展部120m²；生产管理中心120m²；物流管理中心120m²；采购市场部120m²；财务部150m²（包括凭证库房30m²）。

⊙ **会议室：** 大会议室1间，250m²（另设设备控制间25m²、贵宾休息室60m²）；小会议室3间，每间60m²，可以考虑分散在部门办公区域。

⊙ **学习休闲区：** 图书室、阅览室、咖啡简餐厅、员工休息区，共180m²。

⊙ **健身中心：** 更衣室、淋浴室、健身器材室、2个乒乓球台，共350m²。

设计要求

第1点，现有双向间距为8000mm的柱网，南向正面开间为7跨共56m，进深为3跨共24m，柱子高度均为15m，建设场地平整，如图所示。要求在所给柱网内进行空间设计和功能布置。

第2点，除柱子外梁板、楼电梯、屋面均由设计者安排，但需符合基本的结构受力原则。

第3点，应大会议室需要可以取消或截短一根柱子，此外任何一根柱子均不得取消、加高或截短。

第4点，建筑外表皮最外边界不得突出柱网四角柱子外表皮形成的四边形轮廓之外600mm，屋面表皮最高边界不得超过柱顶平面之上1200mm。

第5点，不得开发地下空间。

第6点，设计者自主选择拟建设的城市，并对城市气候、文化等大环境以及相对应的设计策略作出简要说明。

图纸和比例要求

第1点，用纸及表现方式不限。

第2点，平、立剖面图比例均为1:200，剖面至少2个。

第3点，外观、内观效果图，设计说明及分析图由设计者自定。

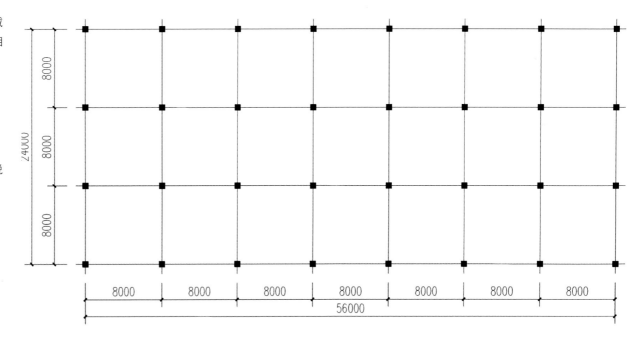

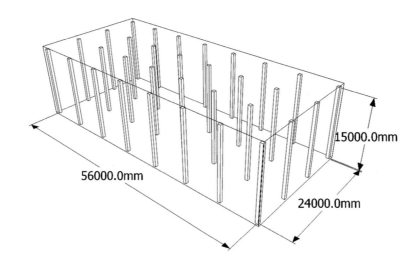

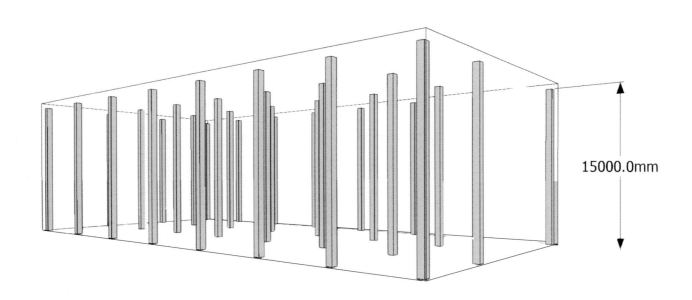

2. 分析解读任务书

　　该任务书给定了柱网，接下来就是如何在里面填上题目中所给定的功能空间，最简便地做到分区明确、流线合理；其最大的亮点是如何处理内部空间，做出空间趣味和不同的空间感受；在建筑的外立面上也要做出相应的性格特征，充分地利用所给的框架结构。

3. 优秀快题案例评析

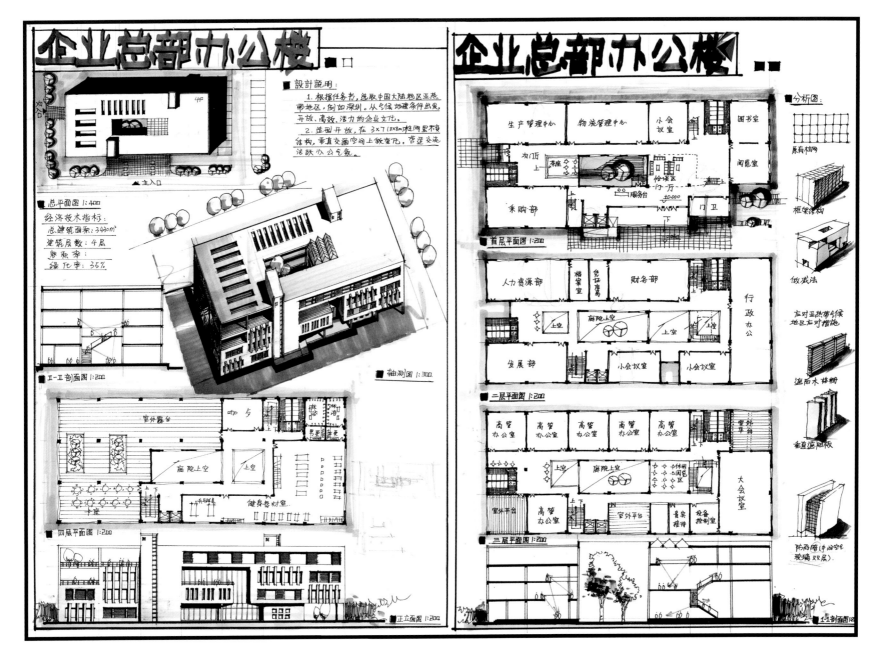

• 方案一评析

在整体的平面中做一个中庭是这道题非常正统的一个解决办法；该方案立面效果处理手法娴熟，用不多的设计元素很好地将建筑立面和建筑的第五立面统一整合在一起；在建筑的平面上增减空间做出不同的变化，塑造出不同的空间感受；整体版面完整统一。

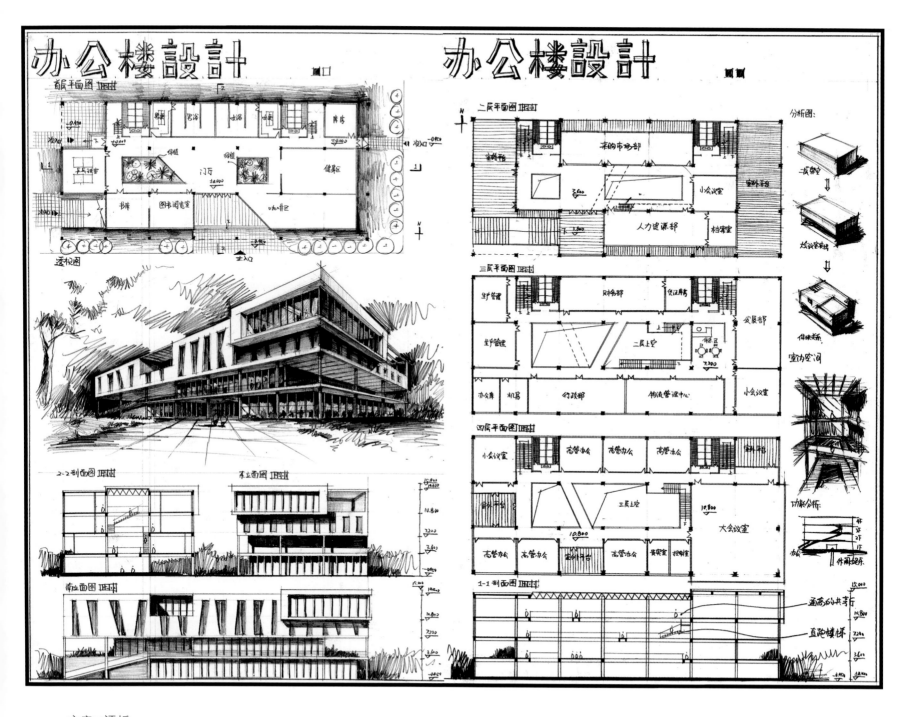

• 方案二评析

　　该方案同样是做出了中庭，更突出的是他在每一层的空间形态上都力求趣味与变化；在平面上不仅使用了减法，还大胆地运用了加法将体块悬挑；立面效果图大量运用柱廊，制造灰空间的同时还增加了建筑的光影变化；此外表现手法娴熟，画风干练统一。

7.6 ┃ 公园茶餐厅设计

1. 任务书

提要

基地位于某市秦淮河南岸带状公园内，为增加景点，更为周到的为游客提供服务，现拟在此处建造一座1~2层的茶餐厅，总建筑面积不超过1200m²。该地块处于老城区内，占地面积1000m²，周边建筑密度很大，为传统江南民居，建筑高度以两层为主。

内容

茶室、餐厅：400m²。

小包间（6间）：25m²（共150m²）。

工作间、厨房等：220m²。

食品、饮料库：50m²。

管理、办公用房：80m²。

小卖部、前台：40m²。

门厅、走道、厕所 根据需要自定。

要求

总平面图：1:500。

各层平面图：1:200。

剖面图：1:200。

表现及分析图（建筑与水岸的关系及体块的生成、建筑滨水空间的可能性）。

沿水面大透视。

时间：6小时。

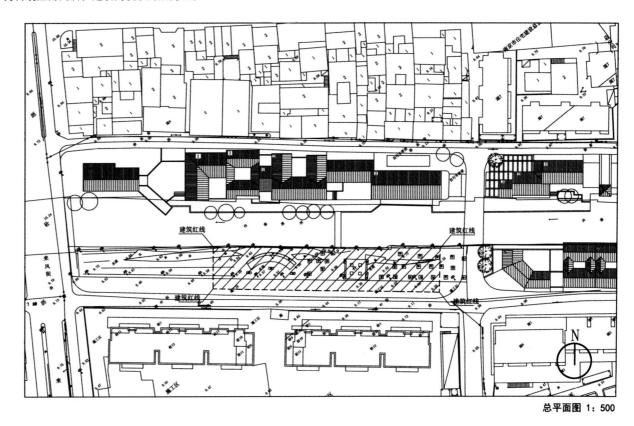

总平面图 1：500

2. 分析解读任务书

该任务书的考点主要有以下4点。

第1点，新建建筑要充分考虑周边建筑的形态、建筑组合形式，以及建筑与场地的正负形关系。

第2点，保证原有人流秩序，但也需要做出变化、创新的室内外空间。

第3点，将人流引入基地内部，保证商业价值。

第4点，新建建筑要与基地北边的水面产生对话。

3. 优秀快题案例评析

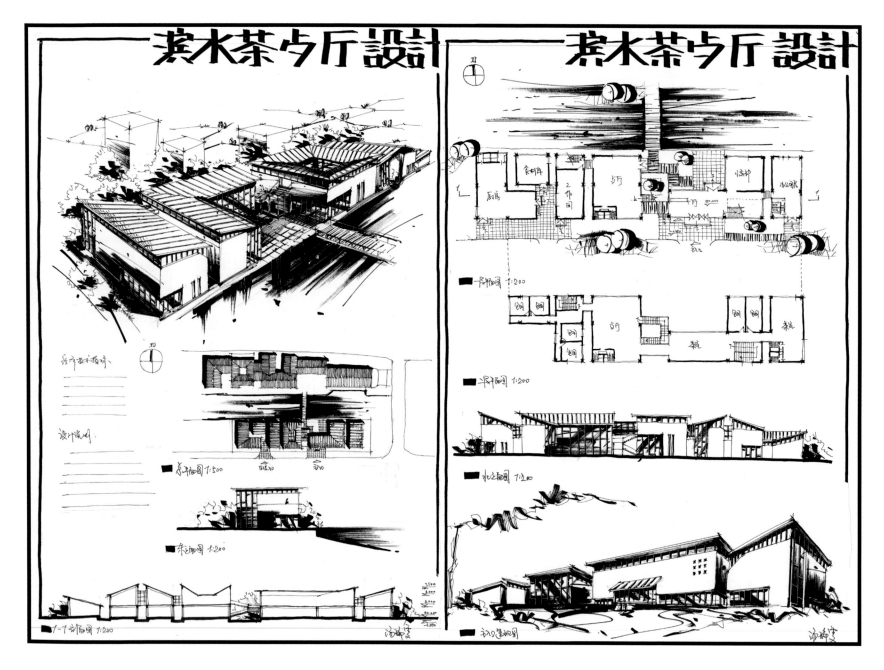

- 方案一评析

　　本方案通过不同形体之间的组合排布，营造出丰富的室内外空间，通透的玻璃幕墙将视线引出室内，将景观最大化利用。单坡的屋顶形式与周围环境融为一体，风格统一。单色表现图面统一、完整，表现娴熟。

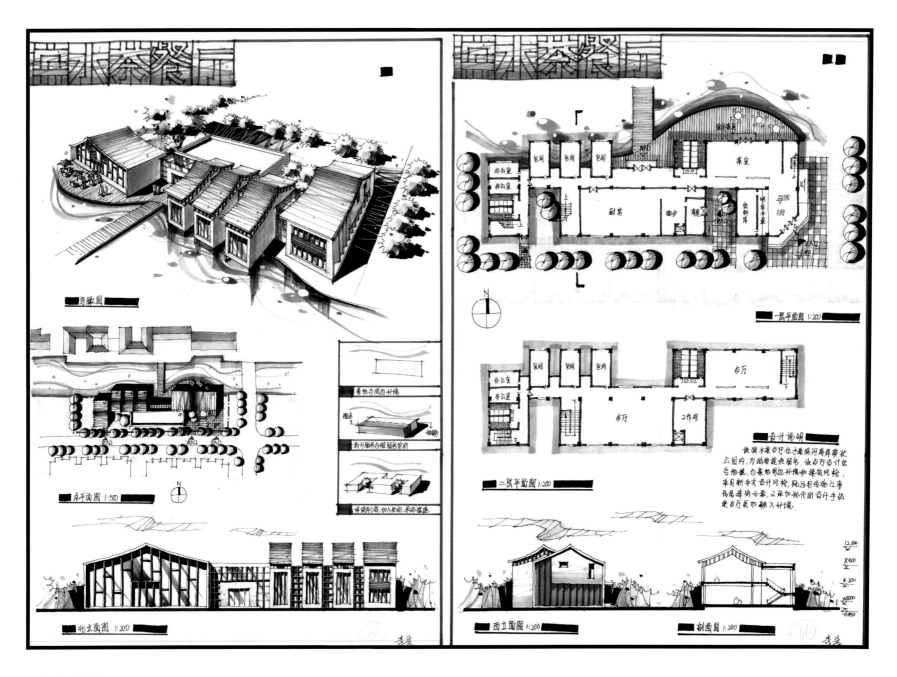

• 方案二评析

　　该方案运用了将坡屋顶的建筑元素与玻璃结合的表现方式，给人一种传统的建筑感受，与周围的建筑融合在一起，总平面设计活泼，做出了大面积的水面悬挑空间，与景观进行呼应，但是在任务书的解读过程中可以发现，该做法使得建筑超越了原本的用地范围。

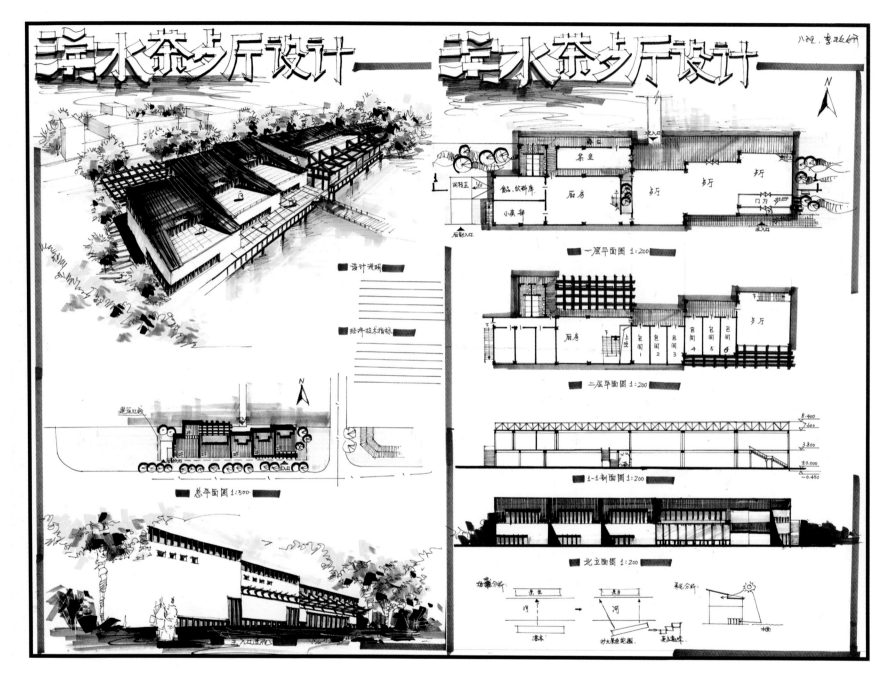

- 方案三评析

　　本方案通过运用母题重复的手法将建筑统一规划，构架的运用产生了丰富的光影关系。单坡的屋顶形式与周边环境相呼应，从总图上来看，总体划分略显单调，室外空间的营造也不够丰富。门厅略显狭隘，小卖部与门厅联系不够紧密。

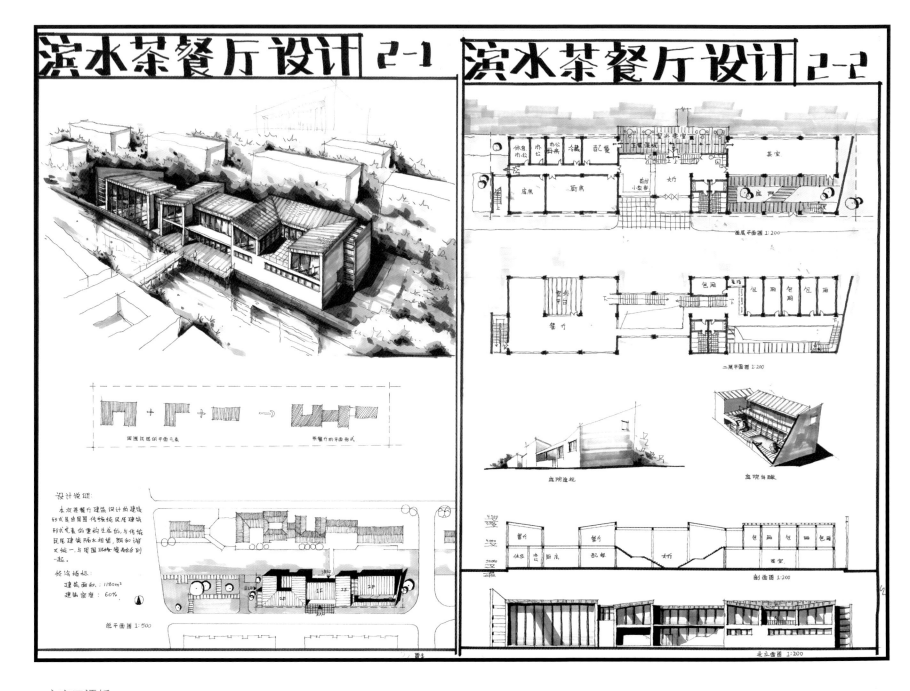

- 方案四评析

　　本案通过L形、U形、"一"字形的组合产生丰富的庭院及室内外环境，同时，底层采用架空的形式保证人流的原有路径，加深了水面和景观的层次感。片墙的形式丰富了造型设计。剖透视将空间特性展现的比较好。

7.7 | 湖边小会议中心设计

1. 任务书

提要

某高校拟在风景优美的临湖区兴建一座总建筑面积为1800m²的小型会议中心，以开展学术交流之用。该用地较为宽松，为保护自然环境，建筑布局以一层分散式为宜，除保留基地内一棵古树外，需做好室外场地的环境设计。

设计内容

多功能厅：200m²。

大会议厅：300m²。

中会议室：2×100m²。

小会议室：4×30m²。

接待、休息室：1×30m²，2×20m²。

服务间：2×15m²。

展览室：150m²。

冷饮、酒吧：100m²。

管理室：2×15m²。

储藏室：40m²。

其他：包括交往空间、公共卫生间、交通空间等。

图纸

总平面：1:1000。

平面：1:200。

立面（1个）：1:200。

剖面（1个）：1:200。

透视表现方法不拘。

时间：4小时。

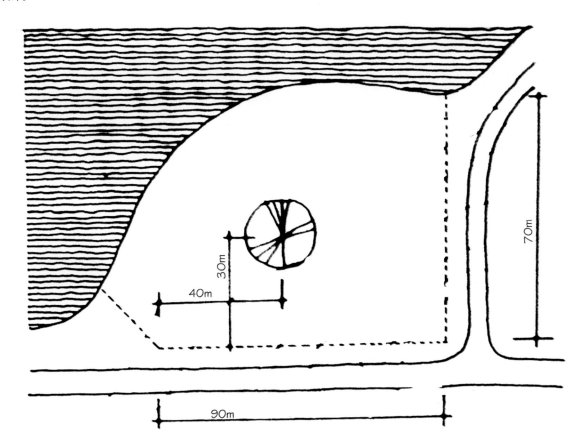

2. 分析解读任务书

此任务书的考点较为简单，主要考查会议中心作为公共建筑的功能流线应如何布置、合理处理；建筑场地中如何处理建筑与古树的关系；如何最大限度地利用好周围景观，分散式建筑显然成为了最好的选择。

3. 优秀快题案例评析

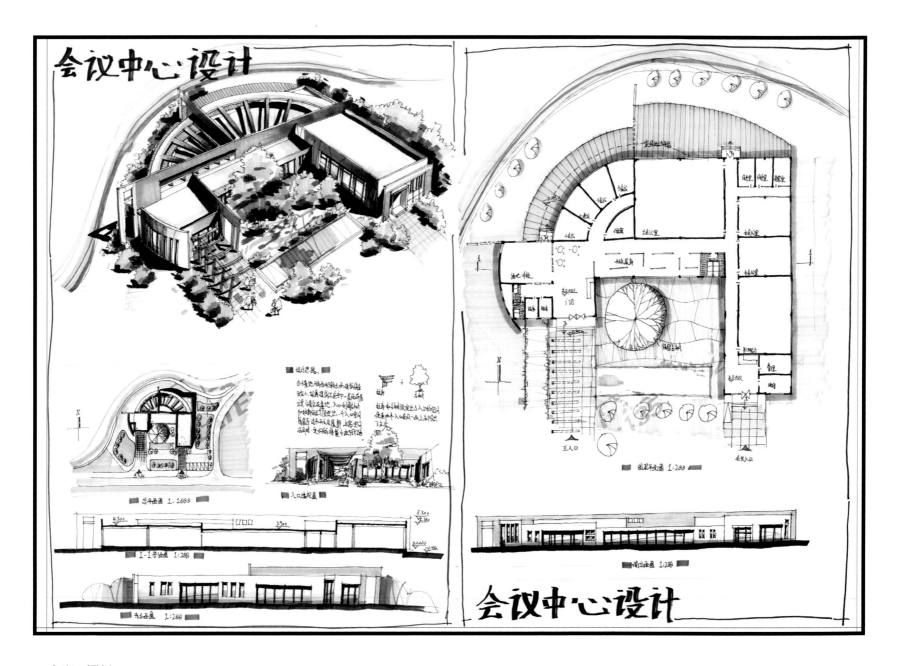

- 方案一评析

　　本方案从周边环境的考虑出发，根据地形进行平面布置及造型处理；平面采用弧形依次放射排布，最大限度地与景观结合，增加亲水面积，使置身于建筑中的人能够从不同角度观赏景观；主入口采用柱廊作为线性引导，能够起到突出强调、吸引人流的作用；整体表达较为完整，但是首平环境略显简单，图面不够紧凑。

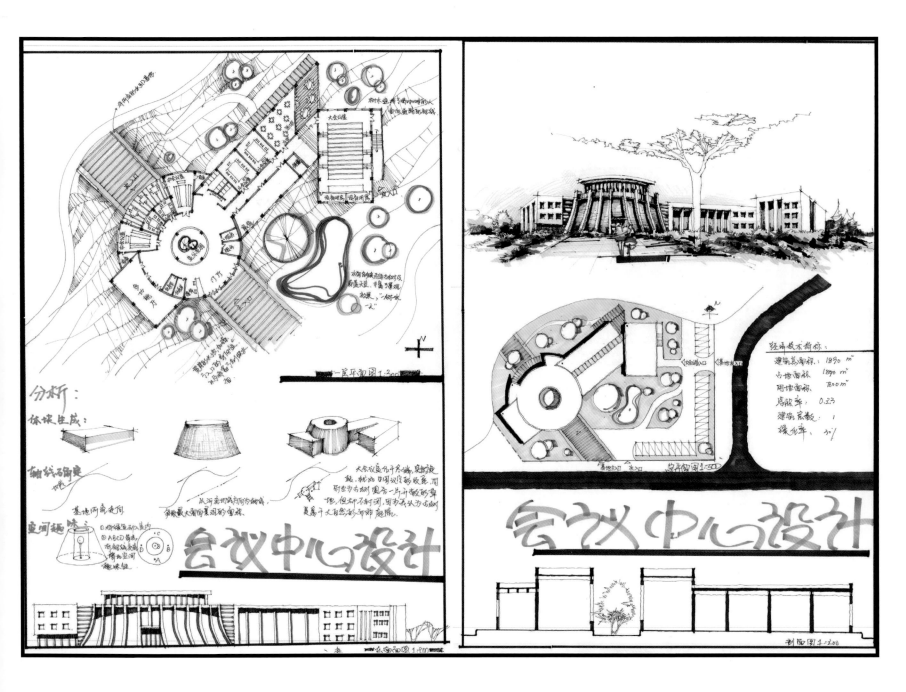

• 方案二评析

　　建筑性格特征较符合会议中心的特点，门厅部分作为平面的中心，以及体块的中心，形成协调统一的构图，但不足之处在于总平面设计欠缺，表达过于简单，图面的整体构图欠佳。

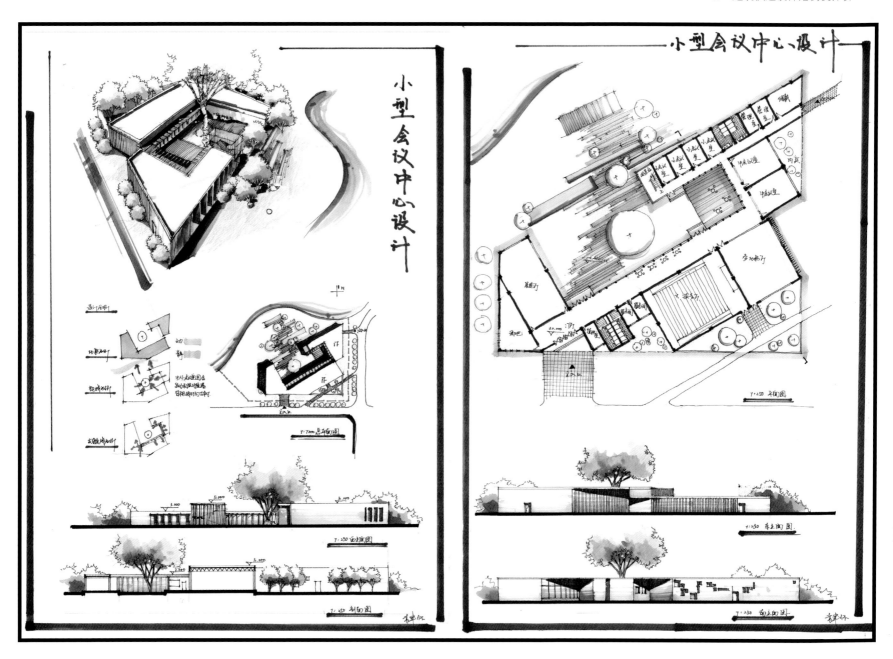

- 方案三评析

    本方案采取双轴线的设计手法，U形的平面形式围绕古树向湖面的景色打开，半围合的庭院式设计，营造出较为私密的空间氛围，为观赏者提供较为静谧的环境；建筑将古树围绕在中心，形成视觉焦点，与周边的水景进行呼应，同时在路口转角形成开敞的广场；但缺点是平面入口门厅处在总体上过于小气，总平面设计较为单薄，连接处脆弱，图面布置也不够紧凑。

7.8 | 湖餐厅设计

1. 任务书

设计背景

某湖泊风景区拟在风景如画的湖岸边修建一座高档"生态鱼宴餐厅"。用地为湖西岸向水中伸出的半岛，西靠山体，西侧山脚下有环湖路和停车场，北、东、南三面临水。用地边界：西为道路和停车场的东侧道牙，北、东、南三面的湖岸线向湖内10m，用地面积约5000m²。环湖路东侧有高差5m的陡坡，其余为高差2~3m的缓坡，坡向湖面，南侧临湖有两棵大树。

设计内容

第1点，总建筑面积1200m²（上下5%），餐厅规模200座，餐厨比1:1。

第2点，就餐区需面向湖景，需单独设置一个15座的湖景包间。

第3点，充分考虑和地形环境的结合，适当考虑户外的临时就餐座。

第4点，其他相关功能自行设置。

图纸要求

总平面图：1:1000~1:500。

各层平面图、立面图、剖面图：1:200~1:100。

空间形态表达透视、鸟瞰、轴测均可。

反映构思的图示和说明。

设计时间：6小时。

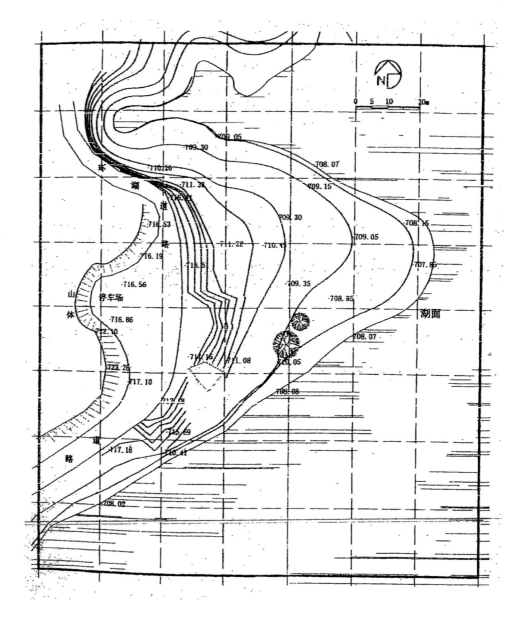

2. 分析解读任务书

湖滨餐厅设计题目的功能要求并不多，但是坡地地形是设计的难点，同时，好的自然景观中，如何将建设与环境融合，如何处理好建筑与两个保留古树的关系也是本次快题设计考查的重点。

3. 优秀快题案例评析

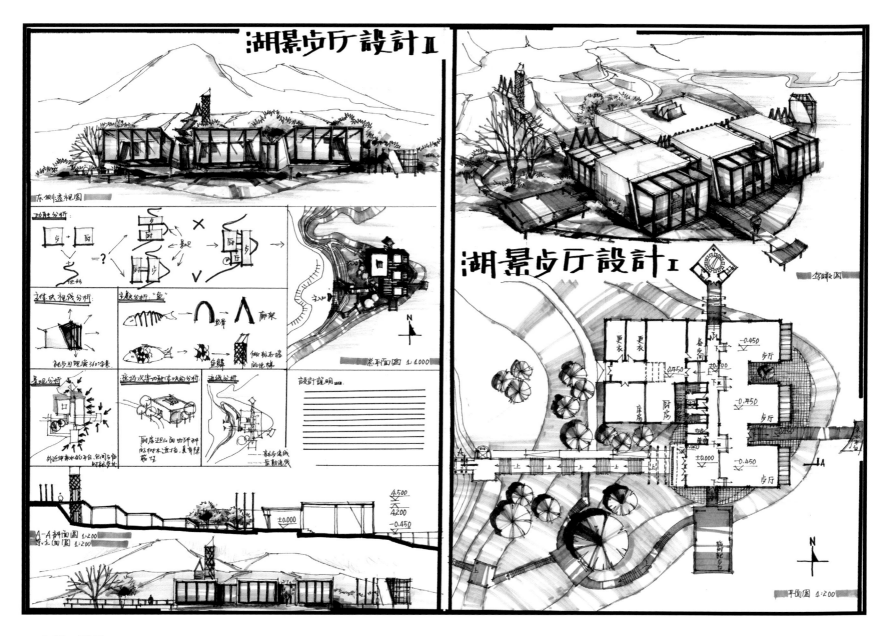

- 方案一评析

图面用色大胆新颖，效果较佳；制图规范，特别是总平面的表达比较完善，构图均衡，利用入口处的广场与入口坡道形成一条轴线，将游客引入建筑中来，同时运用餐厅的均衡排布形成另一条竖向轴线，使整个画面看上去富有张力；平面分区合理，造型实体包裹玻璃体可以很好地将湖面的景色与湛蓝的天空收入建筑中；版面布置丰富成熟，方案分析图文并茂。

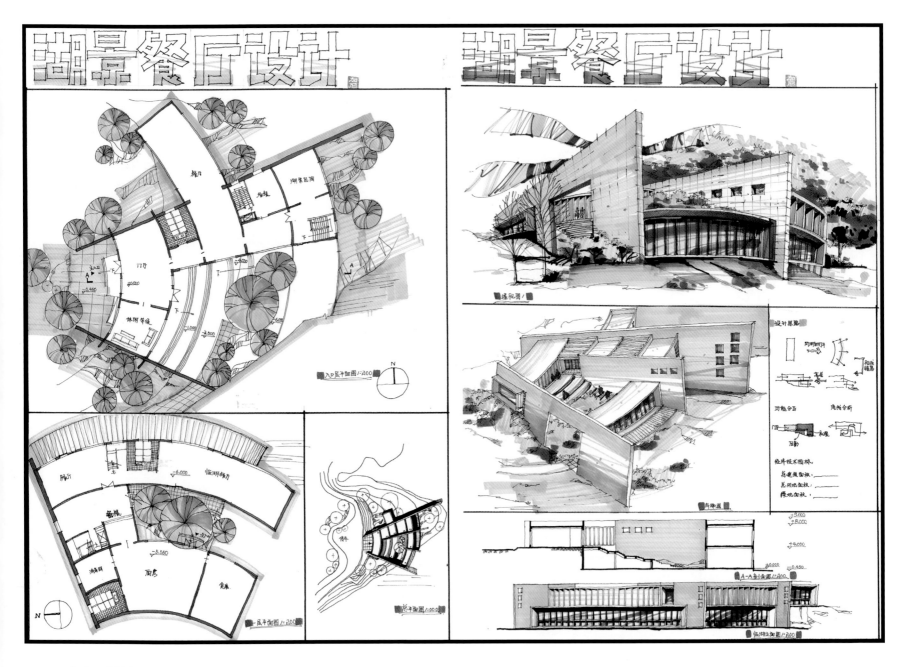

- 方案二评析

　　本方案最大的优势在于整个建筑利用曲线的优势向景观方向打开，弧形能与自然环境更好地融合；建筑内部利用大量的台阶处理坡地；片墙的使用让整个建筑在自然环境中显得更加节制，同时突出了一个弧形部分来打破僵局；但是在处理如何更好地迎接景观时建筑显得略微集中了，而且在图面表达方面稍显苍白。

• 方案三评析

　　本方案画风大胆而协调统一；在自然地消极环境中使用了节制的几何形体来处理，平直的轴线以及屋顶平台的小小变化体现了建筑的几何美感；大面积架空尽可能地减少了对环境的破坏并增加了景观的通透性；建筑整体极具张力，将景观利用达到了最大化；但缺点是图面表达并不完善，这是快题考试中最应该避免的硬伤。

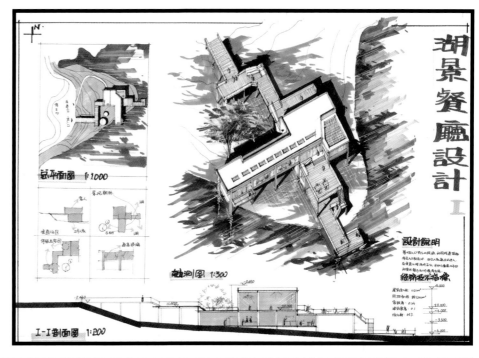

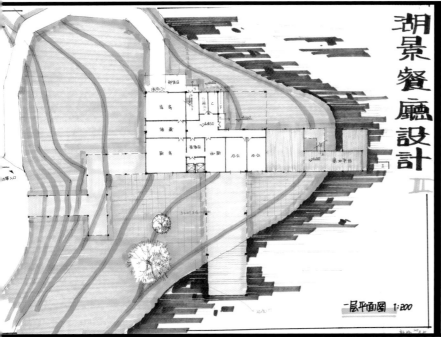

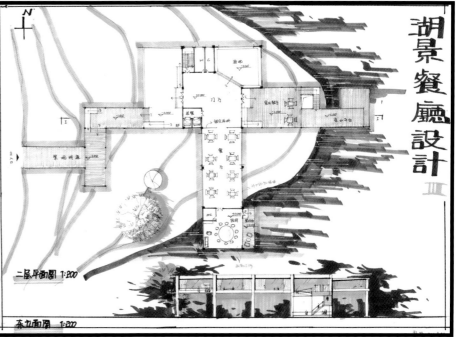

7.9 | 集合住宅设计

1. 任务书

基地概况

A、B、C3个住户共同购置了郊外一块100m²的住宅建设用地，拟合建一幢集合住宅，基地上反映客户的土地划分的建筑基础部分已建成（如图所示），现要求对地面上的建筑进行设计。

设计要求

第1点，功能组织和布局应满足特定家庭结构的要求。A为由中年教师夫妇与一个上小学的孩子组成的三口之家；B为一对老年夫妇，常年从事手工艺创作活动；C为单身年轻建筑师。

第2点，3个用户需设各自独立的出入口，使用上互不干扰。

第3点，必须利用现存建筑基础，即外墙与分户隔墙已固定，各户空间不能跨越各自的土地界限。

第4点，3个用户间关系良好、重视相互交往。

第5点，建筑层数为3~4层。

第6点，结构形式、技术指标、表现方式等自定。

第7点，设计时间为6小时。

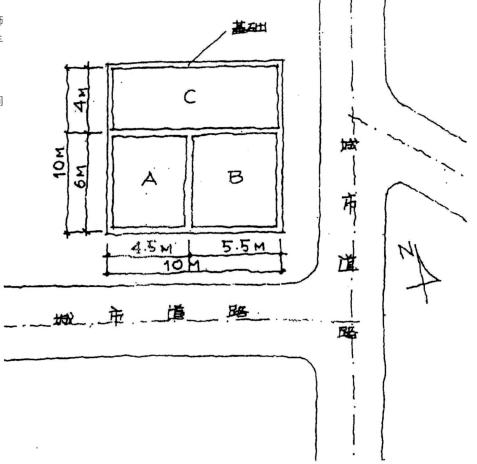

2. 分析解读任务书

该集合住宅需要考虑3户人家互不干扰，且能营造出公共的交流空间。需要考虑老人和小孩的卧室必须南向采光；需要考虑每户人家拥有单独的出入口，以及与道路连通的入户道路和入户小花园。同时，在给定的轴线下做平面，一定要考虑如何在完整的空间中塑造有趣的空间。立面形式应完整统一，同时又能体现出不同类型家庭的特点。造型上，可以模仿博塔的建筑理念，用完整的几何形体，通过减法来塑造空间。

3. 优秀快题案例评析

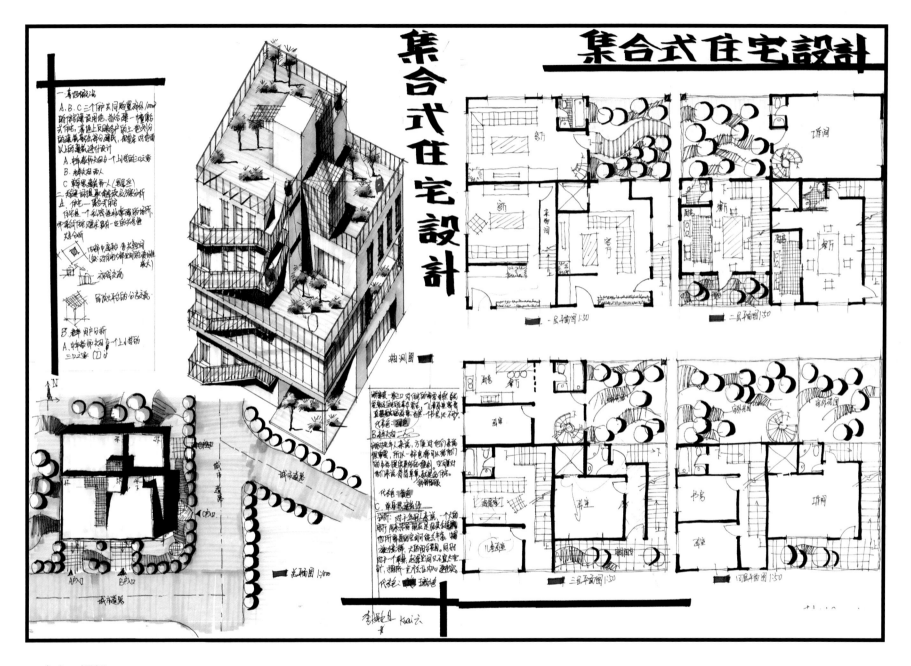

• 方案一评析

　　该方案立面完整统一，通过主立面上的外挂楼梯丰富了建筑形式；并且通过高低错落的形式，形成了3户各自的阳台，使每户都有面向阳光的感受；平面上规整丰富，老年人户型考虑了电梯，并且将动静区域分开，体现了设计者丰富的生活经验和良好的建筑学素养。

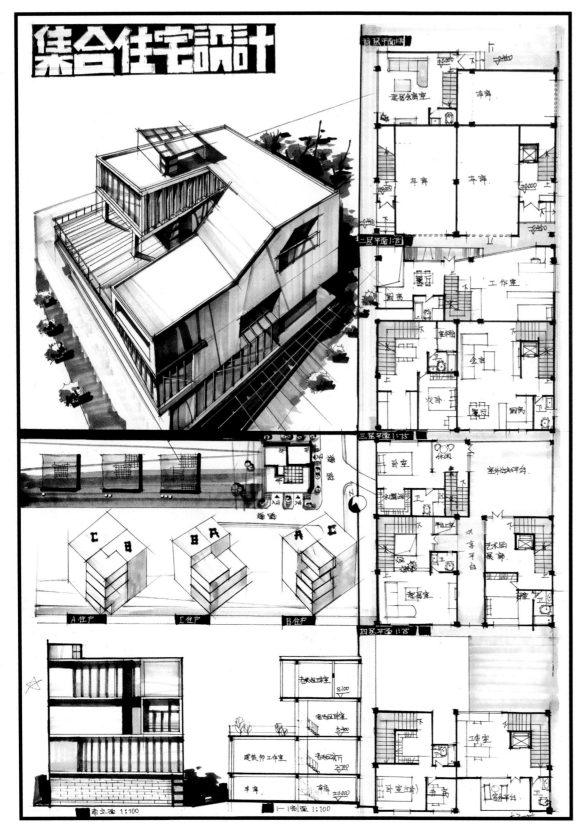

集合住宅设计

• 方案二评析

图面效果完整、统一，运用同样色系的马克笔进行表达，使画面具有强烈的黑白对比，本身就为图面加分不少。在一层考虑了每户的车库，但应考虑车库的室内外高差，把客厅和起居室都放到了二层以上，提高了住宅的品质。造型上采用了局部架空的感觉，感受到平面的连贯性。分析图通过几个简单的体块，表现出了每户的特点和形式。但在建筑立面上应考虑丰富下线脚的形式。

集合住宅設計 I

集合住宅設計 II

• 方案三评析

平面上动静分区明确，但应该考虑停车问题。造型上，给人的感觉是完整的柱网上添加了许多功能体块，给人以新颖的感受。同时出现许多灰空间和交流空间，丰富了建筑的光影。建筑体块之间的缝隙，丰富了立面的形式。在灰空间中隐约显现出楼梯，增加了空间的韵律。但立面开窗过小，不满足住宅的相关规范要求，这点需要注意。

7.10 ┃ 接待站设计

1. 任务书

基地概况

江南某地方企业，为了在省城给出差人员提供方便的住宿与洽谈业务的场所，经征地拟建一座接待站。该地段处于小街巷，南面临街，东、西两侧为商业用房，北面为住宅。在用地东南角有一棵古树需保留。

按规划要求，建筑退让南面道路红线不得小于8m；与东、西两侧商业用地的间距应满足消防要求；与北面用地边界退让不得小于10m，并满足日照间距（1:1.2）；场地应能停放5辆汽车。

设计内容

门厅：150m²（包括服务台、休息会客区、小卖部）。

内业办公及管理用房：15m²×4。

客厅：430m²，12间双床间，每间带标准卫生间。

餐厅：120m²，内含两个小包间，每间15m²，可兼顾对外营业。

厨房：50m²。

会议室：60m²（供客人使用）。

电脑工作室：15m²（供客人使用）。

成果要求

总平面图：1:500。

平面图：1:200。

立面图（2个）：1:200。

剖面图：1:200。

透视图表现方法不限。

设计时间：6小时。

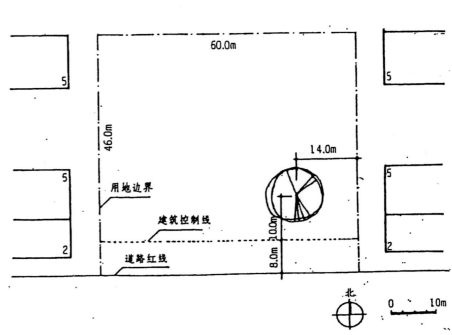

2. 分析解读任务书

该接待站地形方正，功能简单，主要的考查点有以下3点。

第1点，题中特指是"江南"某企业的建筑，如何处理好南方建筑的建筑形式和建筑造型。

第2点，场地内东南侧有一棵古树，如何处理好建筑与古树的关系，设计好建筑周围的场地环境。

第3点，功能要求比较简单，主要是处理好客房的形式和景观，以及与其他附属空间的关系。

3. 优秀快题案例评析

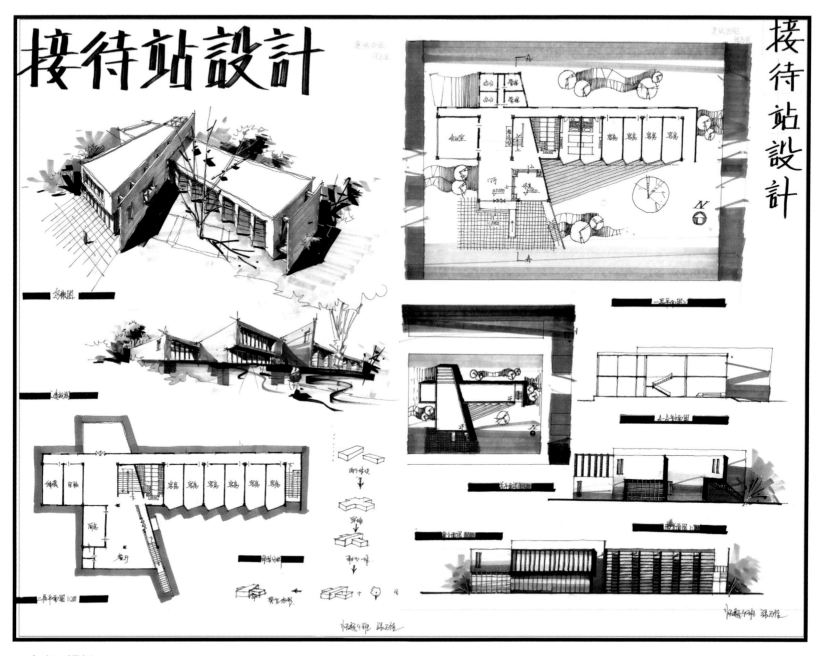

• 方案一评析

　　本方案设计非常干练，简单的L造型很好地处理了建筑与场地的相互关系，无论在平面设计还是在整体造型上都可以清楚的辨析各部分的功能，且相互独立，分区明确；体块间的衔接处理成熟，用两片不同材质的片墙，活跃了整个建筑，避免了造型上的单调性，是画龙点睛之笔；但缺点是在总平面上可以明显看出外环境布置不足。

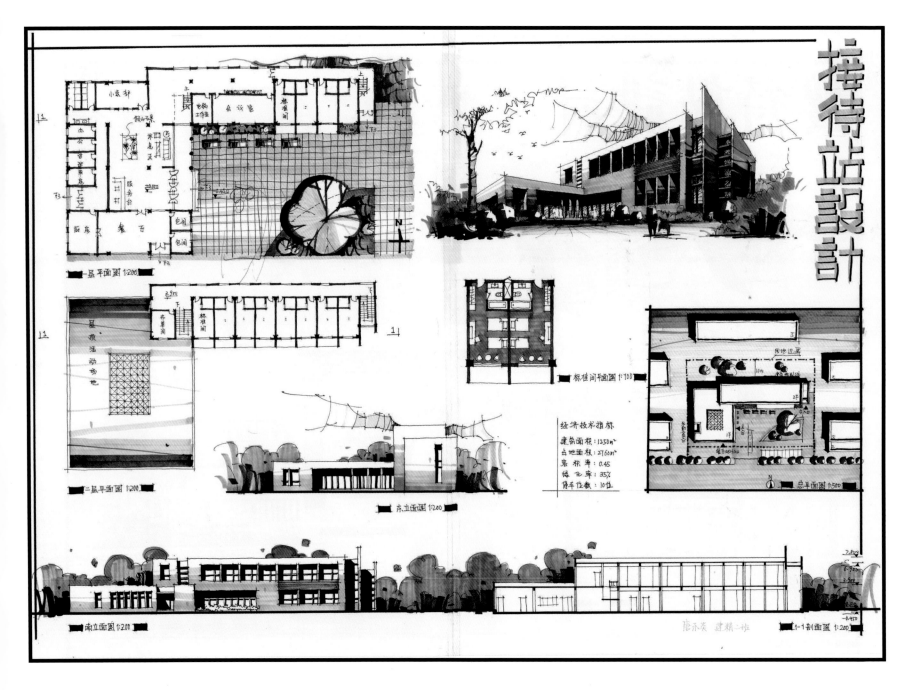

- 方案二评析

　　该方案同样是运用了L形平面设计解决场地与古树之间的关系，将古树作为场地设计的视觉焦点；在总平面上可以看出明显的功能分区，为了缓解大空间的室内采光问题，特意在大空间做了天窗采光；在效果图上可以明显看出客房部分的造型设计，片墙的运用活跃了建筑的造型和整体。

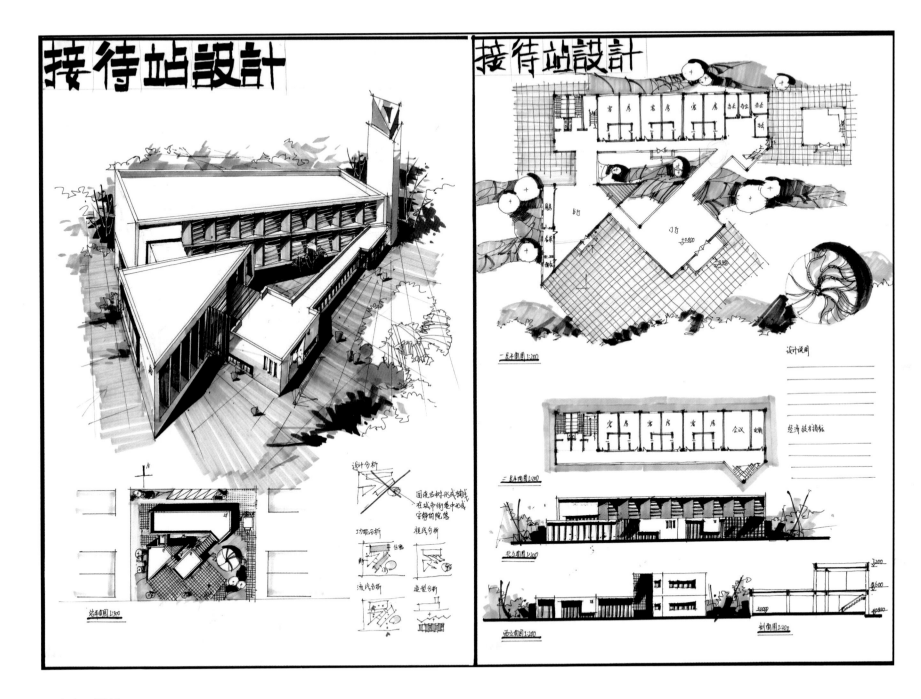

• 方案三评析

　　本方案采用了双轴线，在整体造型上引用了三角形的造型元素，很好地利用交通和景观空间消化了图面上的锐角空间，让建筑在造型和总平面图上看起来都非常的具有几何美；很好地设计了客房立面，木色的运用具有亲和力，让一层空间亲近庭院，二层空间远眺古树；右侧的高塔让画面具有了制高点，但是从平面功能上看却是有些刻意了。

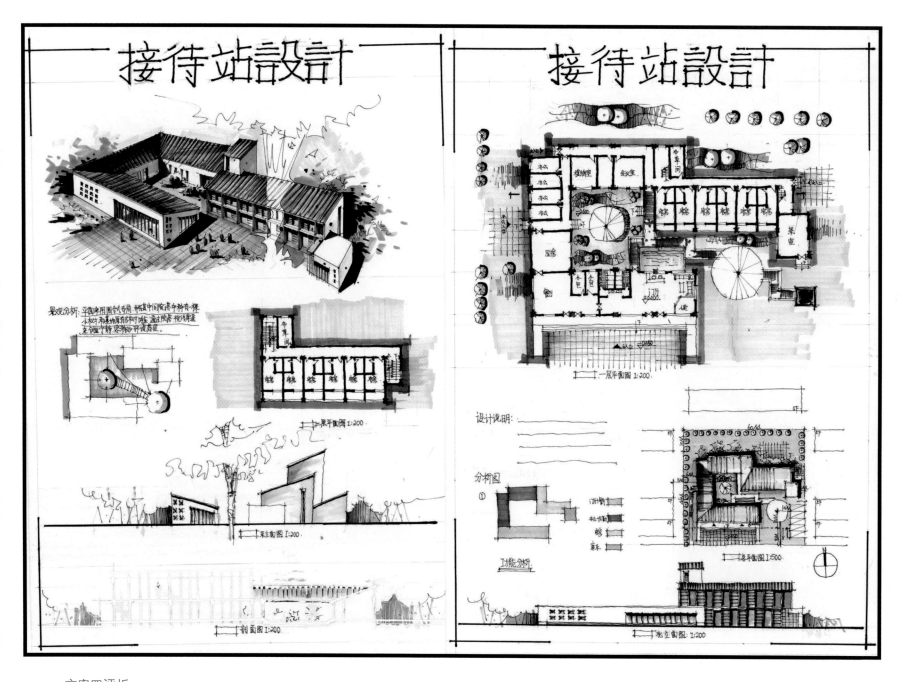

• 方案四评析

　　该方案设计很好地运用了中国坡屋顶与四水归堂的设计元素，在建筑的平面上形成了两个庭院，一个是以古树为焦点的外部广场，另一个是由建筑自由围合的内部庭院；建筑的平面功能分区明确，但是门厅并没有起到连接建筑各个功能空间的作用；从图中可以看出，如果立面尺寸正确那么效果图后面的体块就明显画得有些偏高了，要正确地画出建筑体量。

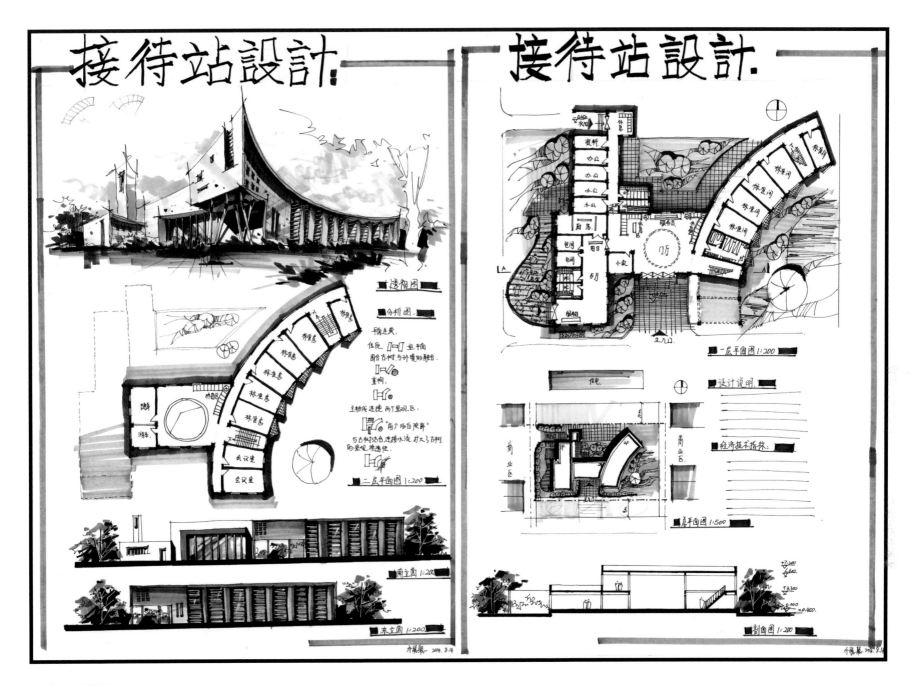

• 方案五评析

　　本方案最大的亮点在于用一个弧形的客房体块来作为建筑的整体，"π"字形的平面中用门厅简易的连接了两个功能体块；客房部门作为建筑的主体使得整个造型看起来极富张力；但缺点是没有处理好建筑与古树的关系，造型中的高塔也无从出处。

7.11 | 地方民俗风情及工艺品展销馆设计

1. 任务书

建设项目概要

为系统地展现地方民俗风情及传统工艺品制作，促进传统工艺品销售，繁荣旅游市场，某城市拟在已形成的集旅游、文化、购物于一体的步行街（长500m左右）兴建一座"地方民俗风情及工艺品展销馆"，步行街形成规模20多年来，以其独特的魅力吸引着成千上万的中外游客。该展销馆在设计上应与步行街总体环境相协调，同时应具有时代特征、个性特征与文化特征。

该项目所在城市由设计者自行选定，并请在方案图中注明。

主要功能
展览地方民俗风情。

展销特色工艺品。

现场工艺品制作、表演。

业务洽谈（批发、零售、订货等业务）及接待游客参观。

规模及要求
总建筑面积6700±15m²（可上下浮动10%）。

建筑限高15m，后退道路红线5m。

与周边民居应留有适当距离。

基地附近设有集中停车场，该工程不考虑停车问题。

主要房间组成及使用
地方民俗风情及特色工艺品展销厅：3500m²。

工艺品制作、表演、销售室：600m²（内容可按：吹糖人、草编蚂蚱、捏面人、糖稀造型、剪纸、民间工艺等考虑，也可根据所选城市地方特点另行确定其他内容）。

办公、接待用房：500~600m²（可考虑部分出租）。

其他用房：根据主要功能需要设置门厅、休息室、卫生间、储藏室等空间，建筑面积自行确定。

图纸要求
总平面：1:500；底层平面：1:200；其他各层：1:200~1:300。

立面图：1:200（主要里面中的两个）。

剖面图：1:200（选择代表性的部分）。

透视图或轴测图任选其一，表现方式不限。

简要说明及面积指标。

题中未涉及的条件均可自定。

2. 分析解读任务书

民俗展销馆设计，其考点在于如何在有限的面积内处理较多功能空间的组织，包括平面流线上的，以及功能分区上的。"流线"必然是"展馆"所考虑的重点问题，如何将展览流线与其他不同功能的流线井然有序、互不干扰而又紧密联系的组织好，是考查学生能力的重中之重。同时，民俗展销馆的设计，其"民俗"的建筑气质塑造也是对学生的重点考查。

3. 优秀快题案例评析

• 方案一评析

本方案总平面上利用将"方"和"圆"相结合的手法，使建筑的几何逻辑清晰明确。同时在路口转角处退让出广场，既满足了消防及疏散规范，又形成了一个入口引导空间。平面图的流线上也组织的清晰明确。方和圆的结合并不显得生硬，反倒是有效地组织了大小空间的关系。透视图上，"圆"本身也体现的"展馆"所标得出来的一定的向心性和引导性，灰砖墙的处理使建筑更接近民俗的气质。稍有不足的是总平面的建筑处理，可以通过圆形天窗丰富体块关系。

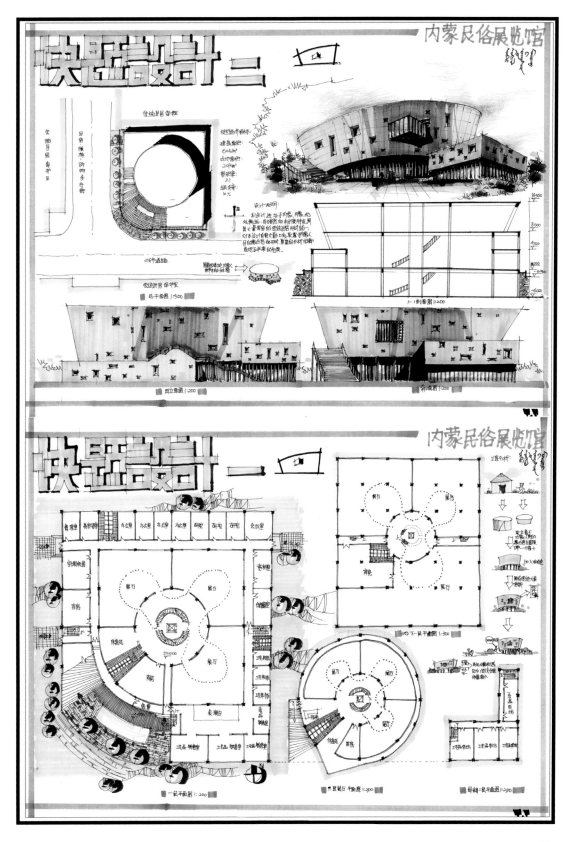

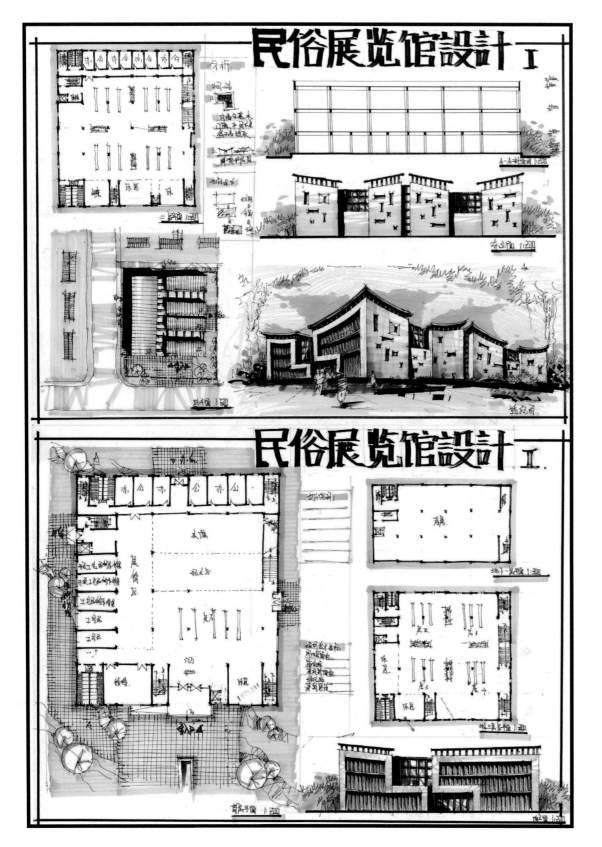

• 方案二评析

　　本方案将传统的混凝土材质、木材质的坡屋顶与格栅、夹缝中的玻璃体块结合在一起，让建筑无论在总平面上还是立面效果上化整为零，削减了整体的体块感，更加贴合"民俗"的建筑气息；建筑的立面开窗方式不禁让我们想起了朗香教堂，既满足了展览的光线条件，又增加了些许活泼的氛围。

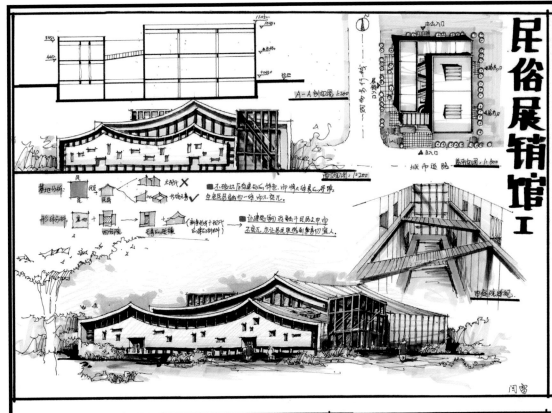

民俗展销馆Ⅰ

民俗展销馆Ⅱ

• 方案三评析

　　本方案将"民俗展销管"中的"民俗"气质展示得淋漓尽致。连绵的坡屋顶、山墙断面的玻璃门庭、灰石墙的材质、错落的小方窗、红色的幕墙窗框与周围民居浑然一体，准确的做到了建筑性格的表达，建筑造型的处理也让人联想起王澍中国美术学院的象山校区；建筑总平面上长条形的几何体块围合出小庭院作为采光；同时在十字路口出做出一定退让，在两条主要干路上做了不同功能的入口，分区明确合理。平面组织上，流线清晰明确，展销部分、展览部分一目了然；休息区、办公区等附属功区能处理得明确合理；整体构图丰富饱满、色调统一和谐、建筑刻画细致深入。

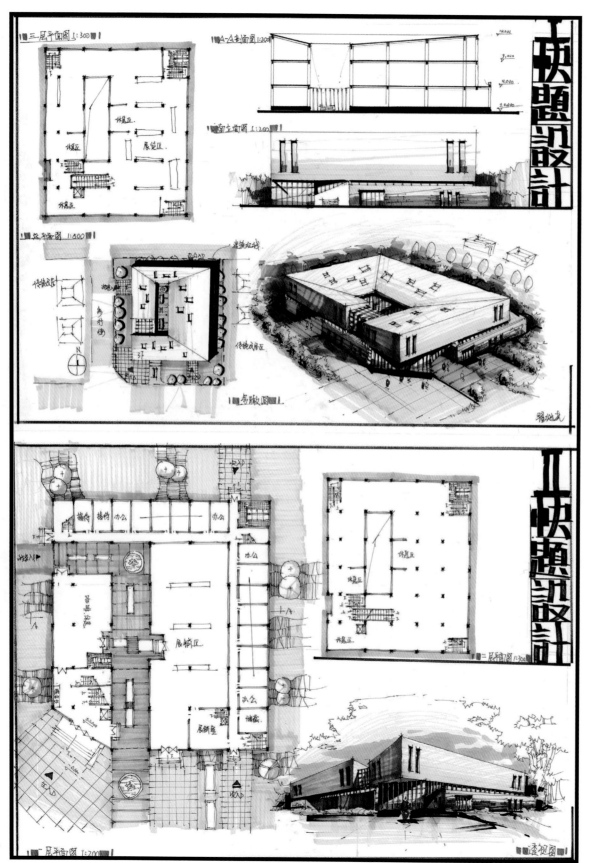

• 方案四评析

　　本方案造型设计十分大胆，"回"字形的平面、"四面一式"的建筑表达，是纪念性建筑的有效处理手段；总平面的处理上方正平直。虽然体量巨大，但通过里面小窗户的处理，削弱了大体量的建筑体量感，与周围小尺度的民居营造出了相同的体量感受；形体底层外廊架空，稳重但又灵动；平面处理上利用地下层增加了展览面积，地上围绕采光中庭布置展览空间和其他附属空间，流线合理明确；铅笔的运用使光影的表达明确充分，构图完整统一。

7.12 | 山地会所设计

1. 任务书

提要

基地位于某市紫金山南麓，琵琶湖公园景区内，为提升公园的整体景观环境，进一步方便和服务市民，现拟建山地会所一处，总建筑面积不超过 2200m²，该地块北面为紫金山风景区，山上绿树丛生；西南面为琵琶湖，视野开阔，湖面被一座景观桥分成大小两片水面，湖岸遍植植物，景观甚佳；东南面散落着一层的小尺度建筑。地块北面道路北通紫金山风景区，南接城市道路。

内容

娱乐活动区：健身房（台球、器械、乒乓球、休息区）100 m²；小型游泳池；棋牌室30m²；书房50m²；放映室30m²；桑拿房、spa居、卫生间共35m²。

餐饮活动区：餐厅大包间45m²、小包间35m²；厨房150m²；吧台和酒窖共35m²。

公共区域：大堂（含休息区）100m²；大会议室70m²、小会议室40m²。

辅助服务区：总服务台及前台办公室40m²；储存间30m²；设备间30m²；工人房15m²；洗衣间20m²；四车位车库、室外临时停车位若干。

住宿区：精品标准客房（10×40m²）；精品套房（80m²）。

要求

总平面：1:500。

各层平面：1:250。

剖面图：1:250。

立面图：1:250。

时间：6小时。

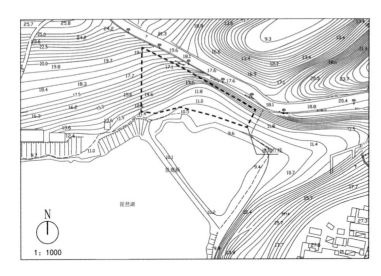

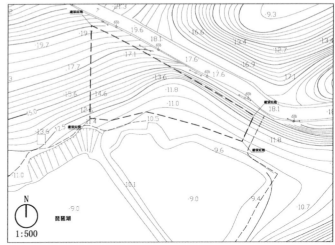

2. 分析解读任务书

山地建筑的关键点在于如何处理高差问题及竖向设计，因此要注意以下3点。

第1点，解决基地内的高差问题，以及如何使建筑形体呼应基地和西南侧湖水是本方案的关键。

第2点，停车场位置的选择应考虑道路和基地高差问题，同时兼顾厨房后勤区。

第3点，建筑公共功能区与私密的客房区、静区与动区的分隔应明确且联系紧密。

3. 优秀快题案例评析

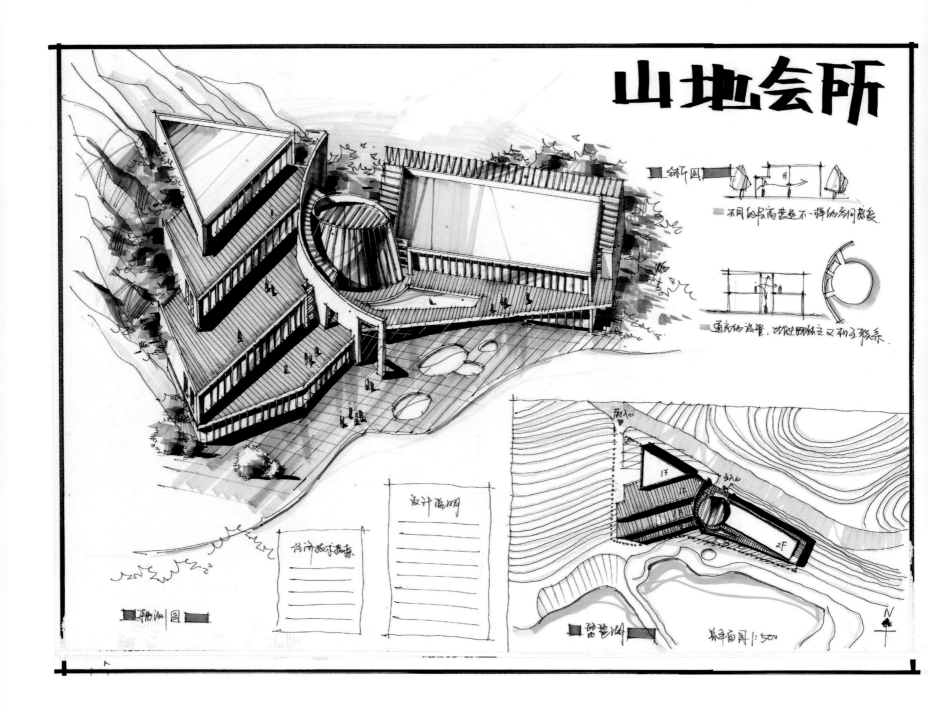

山地会所

• 方案一评析

本方案依山而建，以退台的形式迎合地形，同时采用圆形门厅加片墙的设计手法来呼应湖水和山地的自然形态。在形体设计中，建筑长轴与等高线平行，短轴与等高线垂直，顺应山势。建筑下层屋顶作为上一层的室外活动平台，可以将视线打开。三角形的阳台将西侧的屋顶平台连接成整体，同时灰空间增加了景观的渗透性。但缺点是平面图的布置较散乱，难以对位。

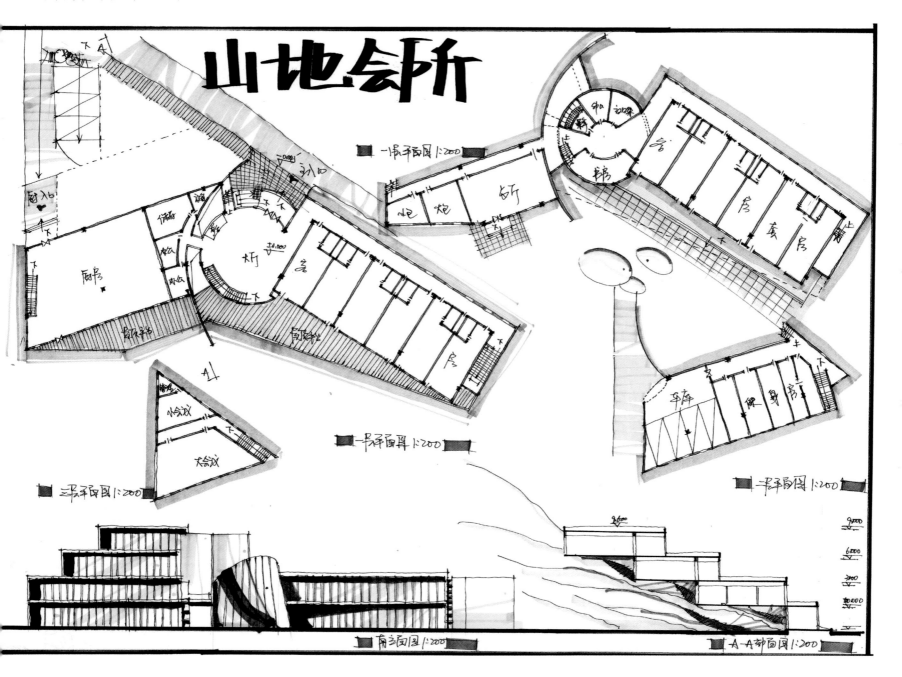

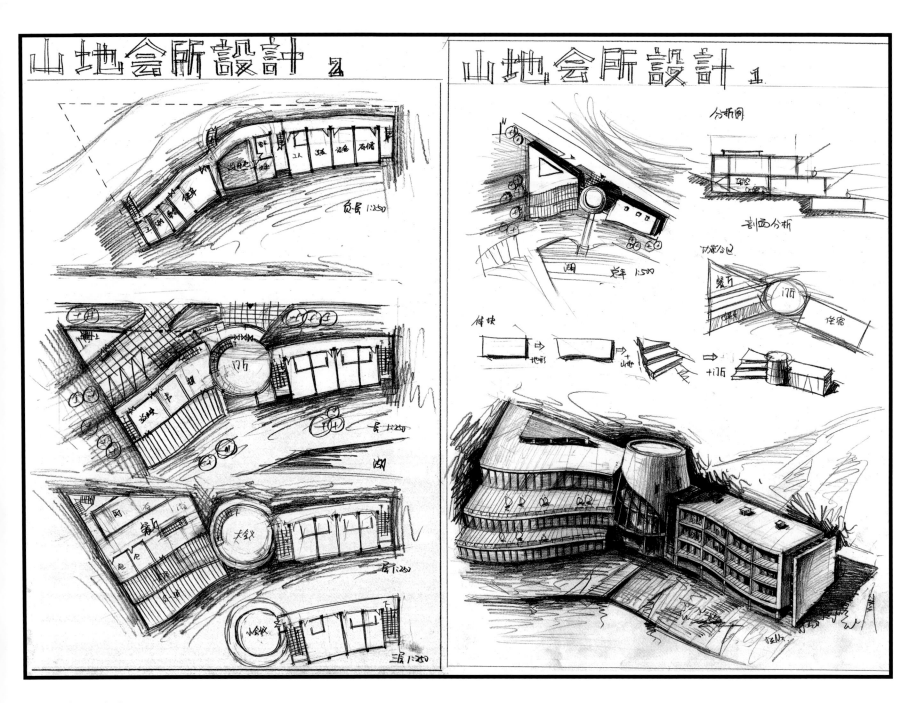

• 方案二评析

　　本方案以突出的圆厅来统一建筑的不同功能空间，流线型的形体呼应了西南侧水面的自由形态，同时退台的形式顺应山势，室外活动平台既利用了下层屋顶，同时也产生了丰富的室外环境，大面积的玻璃幕墙将视线向湖面打开，景观利用达到了最大化。此设计表达中效果图较细致，但画面稍显潦草。

7.13 ▌社区图书馆设计

1. 任务书

项目概况

某区政府拟在一处住宅区边缘建设一座社区图书馆，以服务临近居民，营造良好的文化氛围，提供舒适便利的阅读环境。

设计要求

基地西南角的大树需要保留，建筑造型尽可能与树形相呼应。

为配合该区域的容积率要求，建筑应设计为三层。

基地西侧是城市公园，视线良好，设计师应考虑功能布局。

设计应考虑不同年龄段人群的需求。

结构布局合理、表达清晰明确。

设计内容

期刊阅览部：100m²。

一般图书开架阅览部：500m²。

儿童书籍开架阅览部：200m²。

报告厅：80m²。

办公室（2个）：每个30m²。

休息厅：30m²。

复印室：15m²。

视听资料室：50m²。

综合仓库：50m²。

设备室：50m²。

收发室：20m²。

存包处：20m²。

卫生间、开水房若干。

时间：6小时。

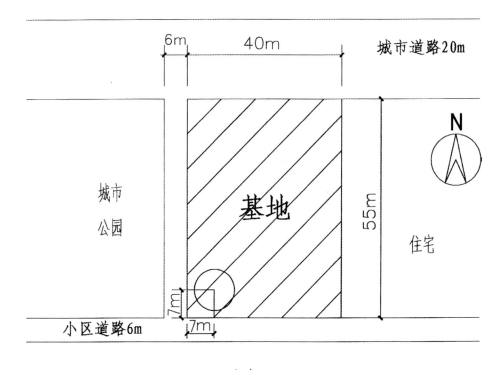

2. 分析解读任务书

第1点，图书馆的使用对象是社区居民，故应最大程度地满足居民需求，同时为周边居民提供和创造便利，提供良好的阅读条件和氛围。

第2点，新建建筑要良好的呼应西边的城市公园和西南角的古树，例如，将阅读区最大限度的朝向城市公园，建筑主入口与古树直接对话等，实现将景观利用达到最大化。

第3点，图书馆建筑核心功能阅览区应突出，同时最好创造丰富的阅读空间，满足不同浏览者的阅读需求。其他辅助功能应配合阅读主体功能，实现建筑内部各功能区既联系紧密又相互独立。

3. 优秀快题案例评析

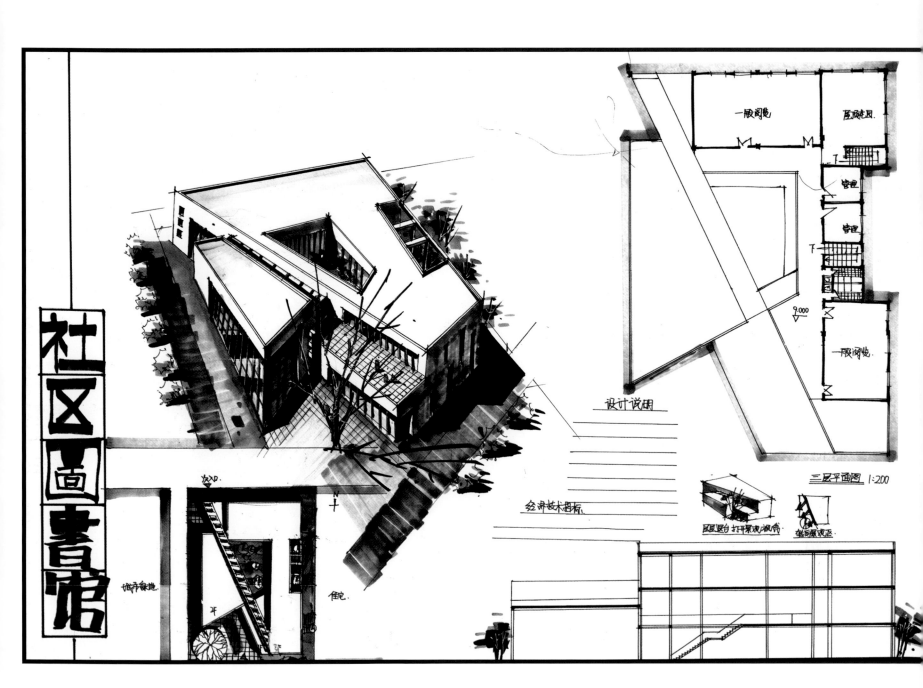

社区图书馆

一般阅览　屋顶花园

管理

管理

一般阅览

9.000

设计说明

经济技术指标

三层平面图 1:200

区层设台打开景观观感　垂直展观区

加印

城市绿地

住宅

● 方案一评析

总体建筑采用"双轴线""补形"和"减法"等设计手法产生丰富的图底关系，同时，主入口前面的小广场既能满足人流集散的需求，也能积极地与古树产生对话，庭院的形式与甩出来的阅读区产生同构，同时庭院也将公共阅读空间与私密后勤区分隔开，不同功能区相互独立又有机联系。图面效果统一完整，平面功能布置能力扎实，不足之处在于制图规范稍显不足。阅读区放在西侧需考虑西晒问题。

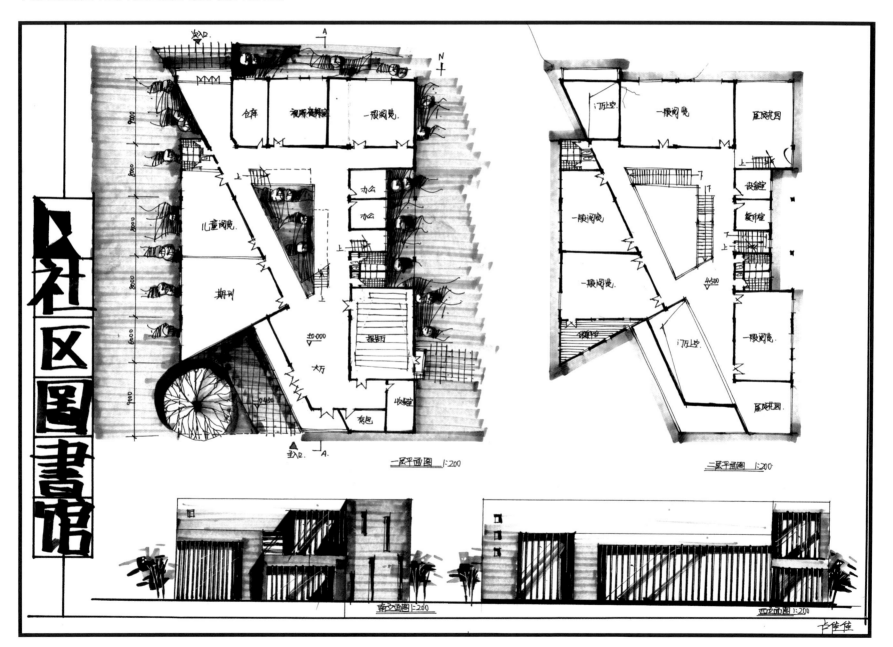

图书馆设计 I

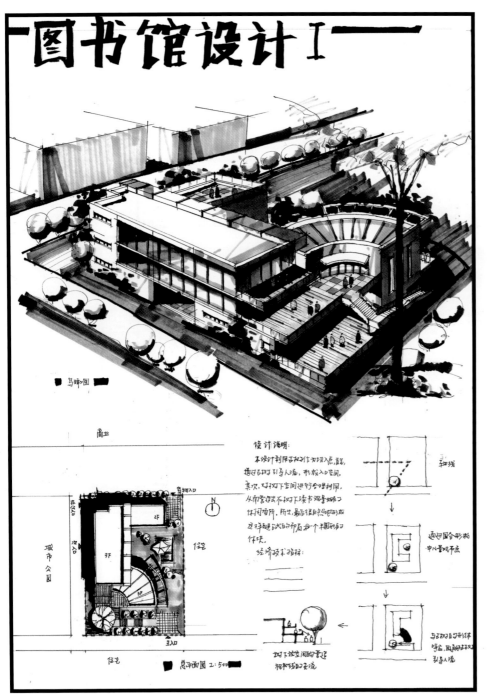

图书馆设计 II

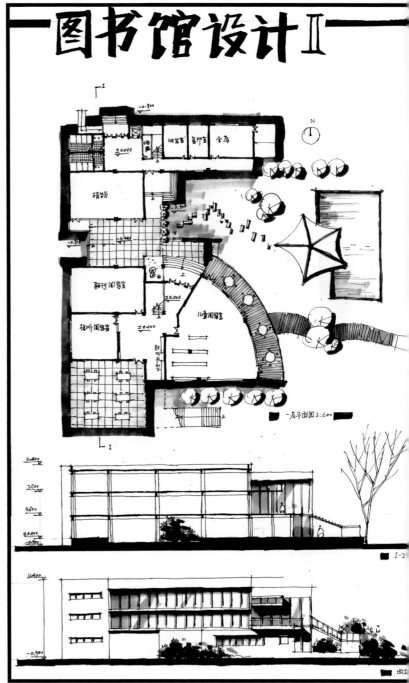

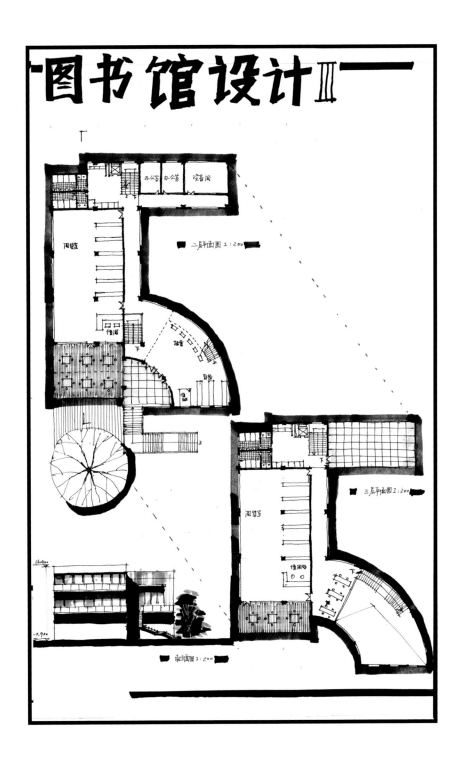

图书馆设计Ⅲ

- 方案二评析

方正的形体与半圆结合，建筑形体较为丰富。建筑南侧以扇形的形式呼应古树，同时建筑外延出的室外休息平台层叠布置产生丰富的室外空间，与古树联系紧密。建筑底层部分架空，建筑形体围合的私密庭院与西侧的公园产生对话。鸟瞰图比较有冲击力，图面完整统一。不足之处在于平面出现了黑楼梯，西晒问题也欠考虑。

7.14 ┃ 小型售楼处设计

1. 任务书

项目概况

某地产项目拟建其售楼处，为此房地产项目提供一个展示、交流和办公的空间。作为对外推广的窗口，此售楼处应具有现代气息，有开放的空间和吸引人的立面。此售楼处销售结束后将被改造成会所使用。

设计内容

门厅：30m²。

展示区：120m²。

洽谈区：120m²。

样板房展示：100m²。

签约区：60m²。

VIP室（2个）：每个30m²。

总经理室：30m²。

销售经理室：30m²。

销售总监室：30m²。

行政主管室：30m²。

员工休息室：30m²。

档案室：30m²。

会议室：40m²。

物业办公室：25m²。

财务室：25m²。

客服区、保安区、保洁区：40m²。

儿童活动区：40m²。

书吧影音区：40m²。

饮品区：20m²。

室外休息平台：50m²。

卫生间等。

时间：6小时。

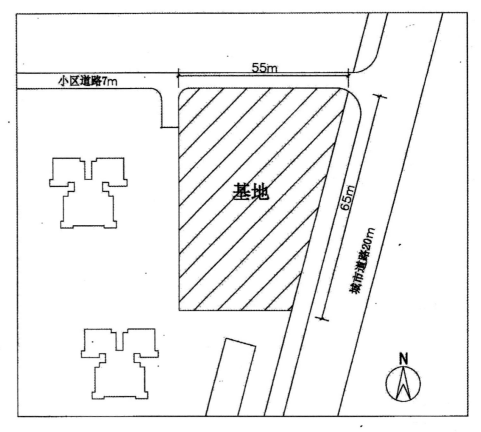

2. 分析解读任务书

第1点，突显售楼处现代、理性、商业、潮流和时尚的建筑形象。

第2点，处理好建筑大小空间的结合。

第3点，设计时需考虑后期改造成会所时的需求，结构合理。

第4点，需考虑展示区、洽谈区、签约区等功能流线和展示区需要对外开放的要求，以及对外开放空间和内部私密空间的功能区划分和彼此之间的关系。

3. 优秀快题案例评析

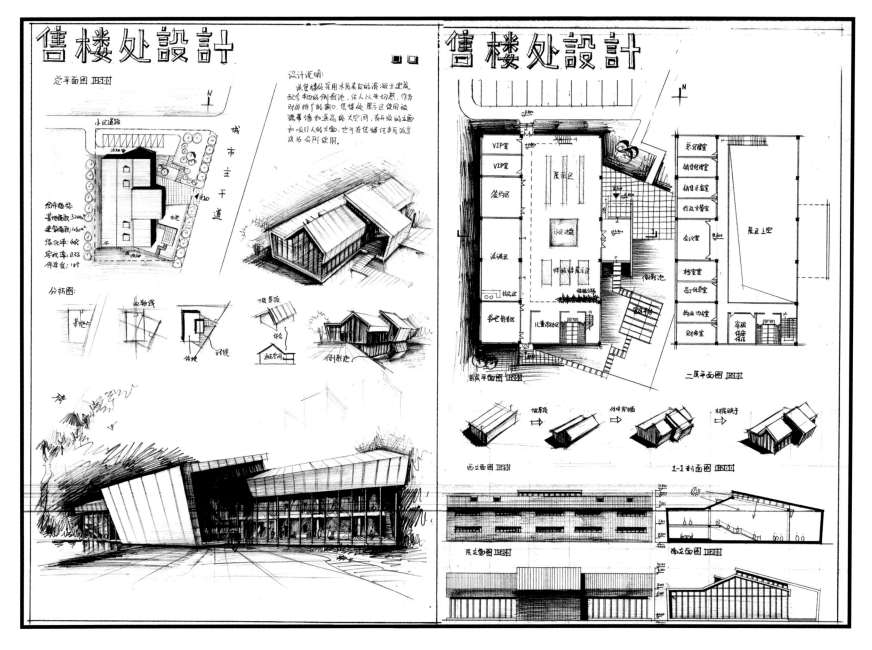

• 方案一评析

该方案通过高出的包板来突出主入口，同时高出的体块也是对人流的引导，其产生的灰空间既是对城市喧哗空间的分隔，也是增加室内外空间层次的手法。建筑形体统一且富有现代感，坡屋顶的运用使建筑很有张力；立面具有构成感，通透的大玻璃窗符合室内展示空间的需求。外环境设计通过与道路边界的垂直设置与基地产生对话和联系。

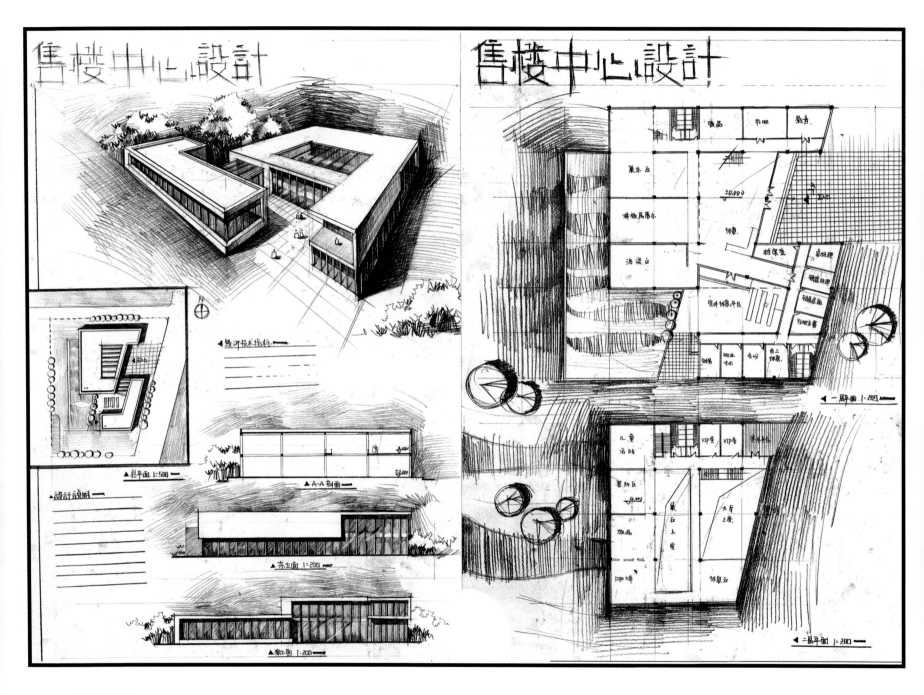

- **方案二评析**

　　该方案以成熟、构成感很强的图底关系取胜，在建筑布局方面，通过一个完整形体的划分，形成大小体块的空间组合方式，主从关系分明，主要展示区、洽谈区等对外公共空间突出，附属功能区规整使用且与主要功能区联系紧密。外环境设计中，水面的处理既是外环境的一部分，同时也是建筑形体的补充。

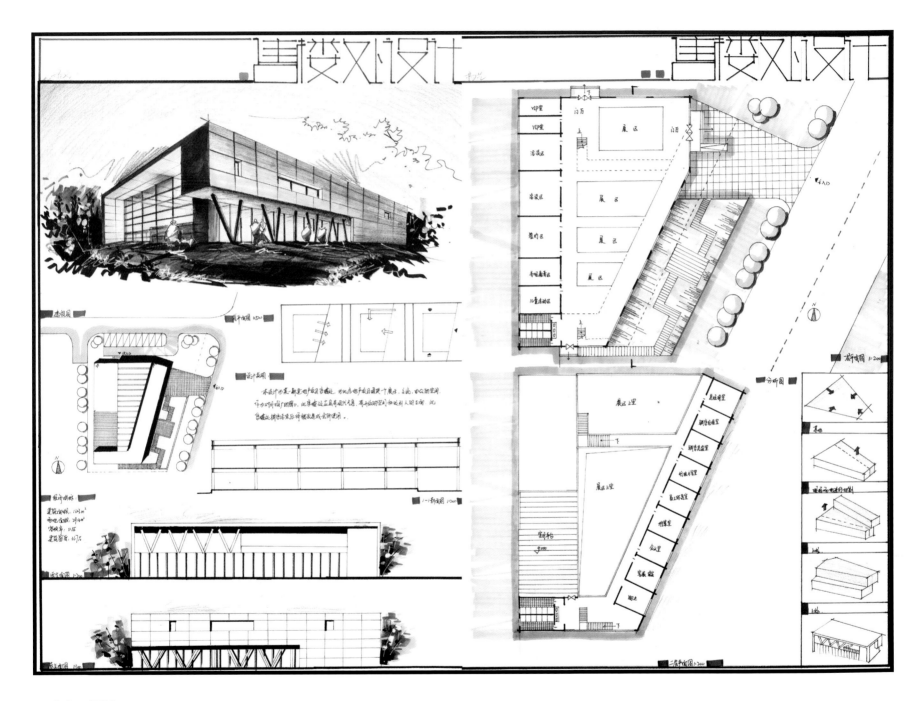

• 方案三评析

　　方案简洁精炼，体块清晰明确，虚实对比强烈，主、立面连续统一，光影变化丰富。平面大小空间分区明确，主次功能分区合理，开放与私密空间分区得当。方案排版规整严谨，表现用色大胆。

7.15 ┃ 小型火车站设计

1. 任务书

教学目的

第1点，学习较复杂公共建筑功能及流线的组织方法，为以后的课程设计奠定基础。

第2点，学习大空间的设计方法以及大空间和小空间的穿插与过渡。

第3点，学习熟悉国家现行的《铁路旅客站建筑设计规范》。

设计要求

为适应新形势的发展，满足目前的使用要求，拟在某城市市区内兴建一火车客运站，环境状况见地形图，各房间面积要求如右表。

总建筑面积控制在1500m²以内，层数一般控制在两层。

房间名称	间数	使用面积（m²/间）
候车厅	1	800
售票厅	1	50
售票室	1	30
办公站务	6	6×15=90
问讯值班	1	18
行包房	1	100
厕所、盥洗间	2	2×40=80
小卖部	1	50

设计成果

各层平面图：1:200；立面图（2个）：1:200；剖面图（1个）：1:200。

总平面、室外透视图、功能分析图、设计说明等。

图纸尺寸：550×800。　　手绘、表现方法不限。

设计要点

第1点，合理选择出入口方位，以及建筑、站前广场、停车场地位置。

第2点，建筑内部空间应动静分区、功能分区明确，内部交通、流线组织顺畅。

第3点，各功能房间设计符合其功能使用要求，满足相关规范，朝向合理、自然通风与采光良好。

第4点，建筑造型丰富，手法新颖，比例尺度良好，细节设计深入，建筑形象应考虑环境要求，并能体现交通建筑的造型设计特色。

第5点，构图均衡有层次，图面整体性强，色彩和谐统一；内容完整、详细，绘制准确精细，平、立、剖面图表达规范。

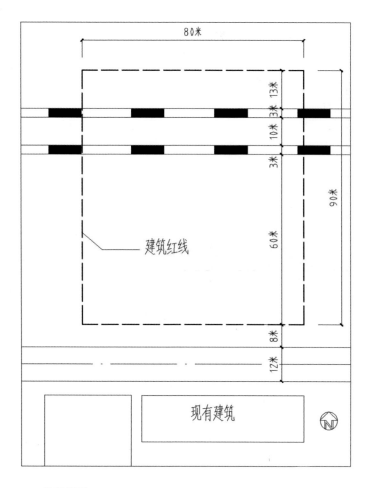

参考书目

张文忠·公共建筑设计原理·北京：中国建筑工业出版社，2005年8月。

建筑设计资料集编委会《建筑设计资料集6》　北京：中国建筑工业出版社，1994年6月。

窦以德·华夏精粹·北京：中国建筑工业出版社，1994年6月。

建筑学报、世界建筑、新建筑、时代建筑等杂志中的相关文章。

2. 分析解读任务书

该任务书是对小型火车站进行设计，功能比较简单。火车站首先应考虑平面上的流线问题：购票、进站、候车、走天桥或者地下通道到站台；下车从站台走地下通道到出站口、查票，然后出站。其次，平面布置上，大致为出站口、候车厅和售票处，售票处后侧应有办公部分。再次，考虑候车厅的附属功能和疏散出口。最后，火车站的造型应该考虑轴线、体量关系等。对于总平面，应考虑外环境设计，如前广场、停车场等。

3.　优秀快题案例评析

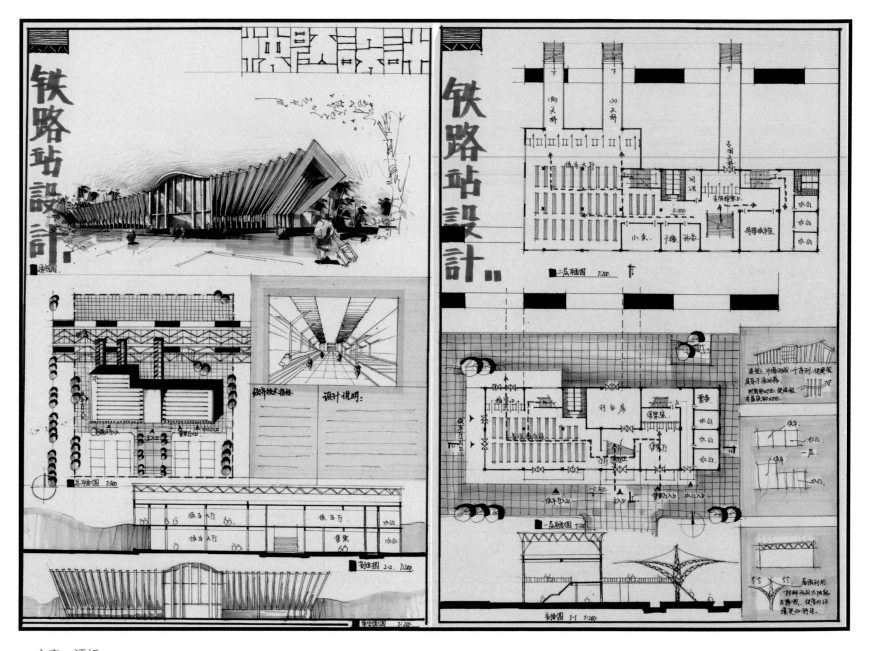

- 方案一评析

　　该方案建筑造型性格明确，可以清楚地看出大跨建筑的类型特征，体现了建筑设计的韵律美；建筑的平面设计合理，流线清晰明确，符合火车站设计的相关设计规范；图面线条流畅，排版紧凑饱满。

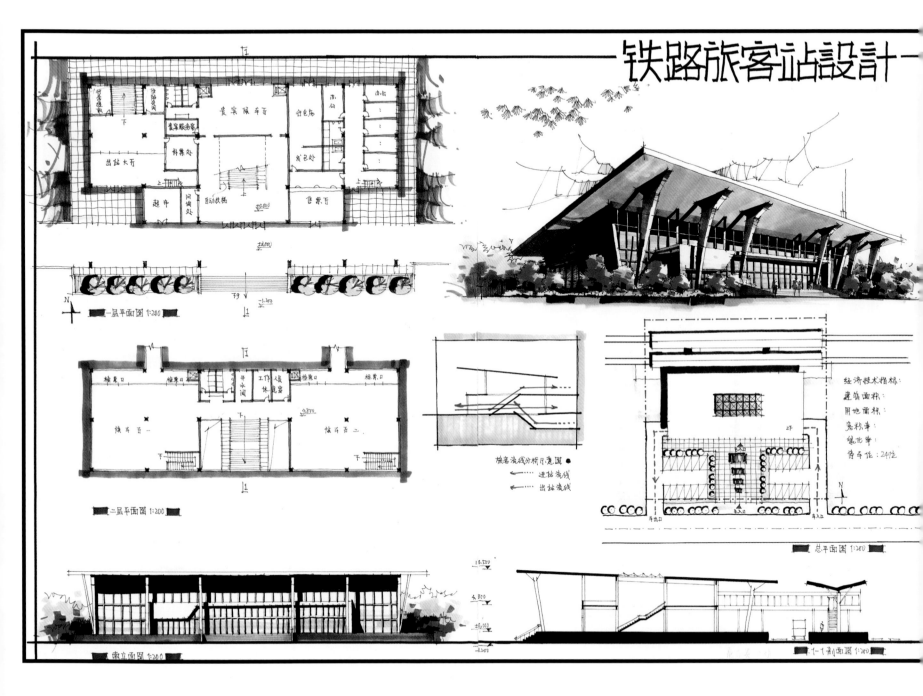

● 方案二评析

　　该方案设计利用两个大小不同的矩形空间前后排列，前面的小空间消减了建筑相对于使用者的压迫感；用大大的屋顶将整个建筑统一起来，最前方的几何形柱体体现了整个建筑的坚实感，再次突出了整个建筑的建筑性格。

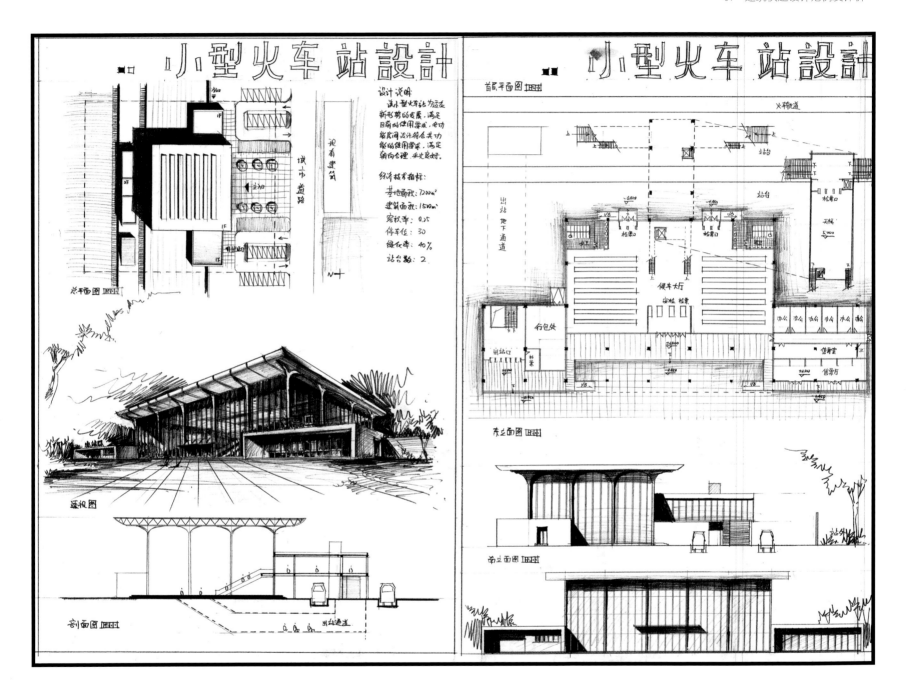

• 方案三评析

　　该方案设计运用了中轴对称的手法体现大跨建筑的建筑性格；平面功能布置合理，流线清晰，不仅设计了自动扶梯的路线，还设计了建筑的地下流线，可见该考生建筑设计能力较强；最大的亮点在于整个建筑的画法，将建筑的不同材质表达得淋漓尽致，制图规范。

7.16 ┃ 校园教学楼设计

1. 任务书

任务

某职教中心为适应教育事业发展的需要，拟在校园内增建一座多媒体教学楼，其用地（见附图）在校园入口广场东侧，与校园入口广场西侧的图书馆、行政楼相对，校园入口广场北侧为教学主楼，用地东侧为运动场区。

要求

第1点，做好环境设计，最终形成完整的校园入口广场。

第2点，组织好校园内的人流。

第3点，保持校园建筑风格统一。

内容

多媒体教室：$2 \times 120 m^2$。

普通教室：$9 \times 70 m^2$。

阶梯教室：$360 m^2$。

办公室：$3 \times 30 m^2$。

总建筑面积：$2200 m^2$。

图纸

总平面：1:1000。

各层平面：1:300。

立面（2个）：1:300。

剖面（1个）：1:300。

透视图。

教学楼立面

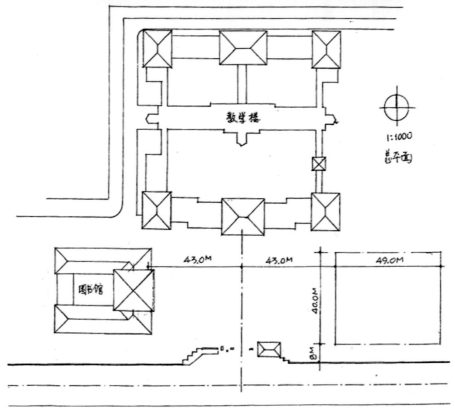

2. 分析解读任务书

该任务书的考点主要有以下3点。

第1点，建筑应符合教学楼均衡、统一、稳重但不失现代感的建筑性格，同时需考虑新建筑应符合校园内已有的建筑基地和轴线关系。

第2点，建筑尺度需和原有建筑统一，且不失比例。同时要保持校园建筑风格统一。

第3点，做好环境设计，最终形成完整的校园入口广场，组织好校园内的人流、车流。

3. 优秀快题案例评析

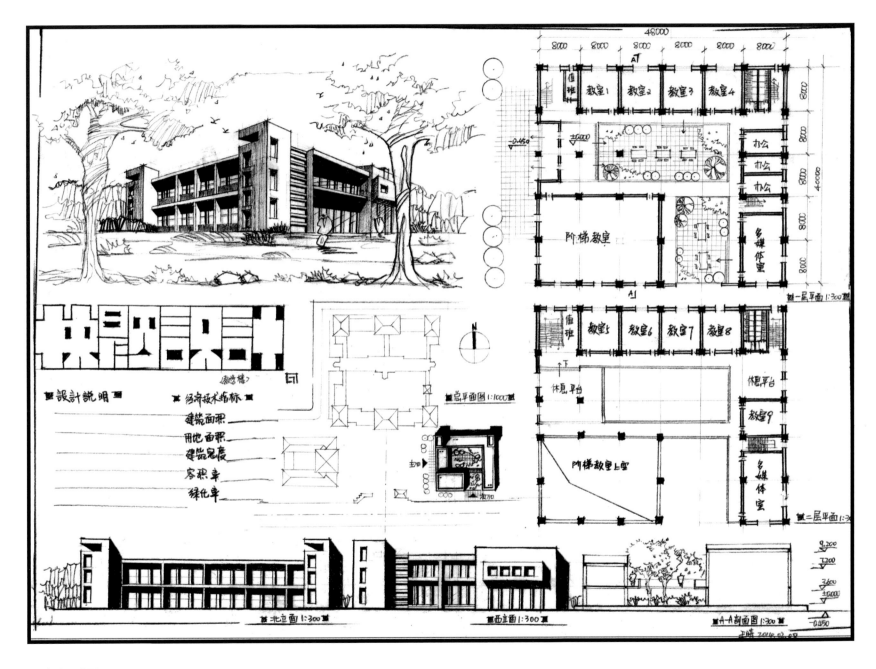

• 方案一评析

　　本方案结合中庭布置功能，符合教学楼的功能需要，形体光影关系和谐，设计元素统一，建筑性格明确。采用单纯钢笔稿形式表达，可谓是单色快题的典范，只是透视图压边树一棵即可，构图上形成了一个平衡的构图，同时，在表达上也不会让过多的配景干扰建筑的呈现。

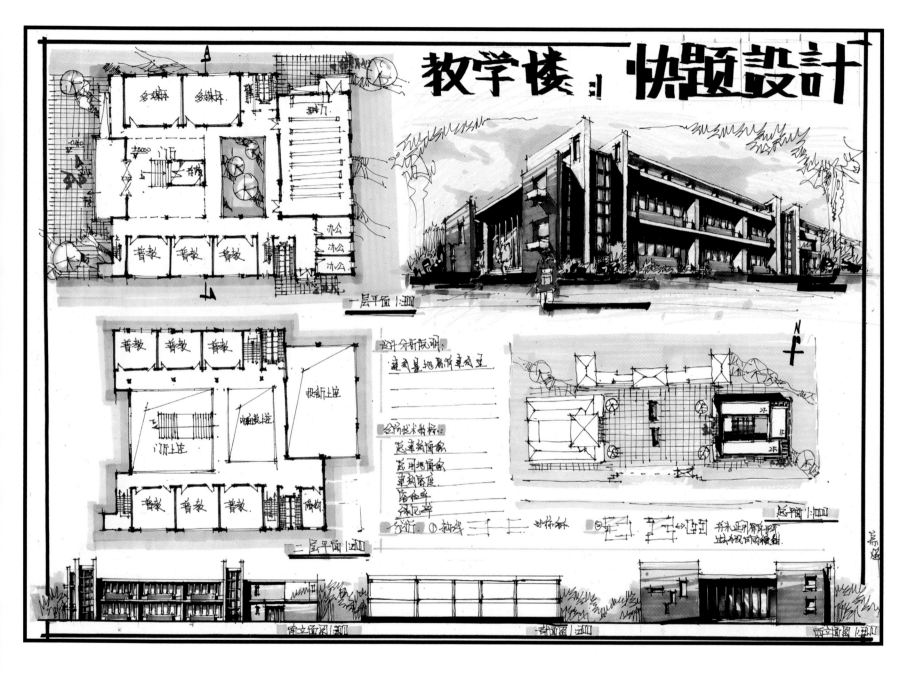

- 方案二评析

　　该方案采用传统式围合的设计手法，满足教学楼功能需要的同时顺应基地的肌理。形体中多用片墙和框架来增加虚实对比，局部材质运用红砖具有提示作用，形体和谐统一。

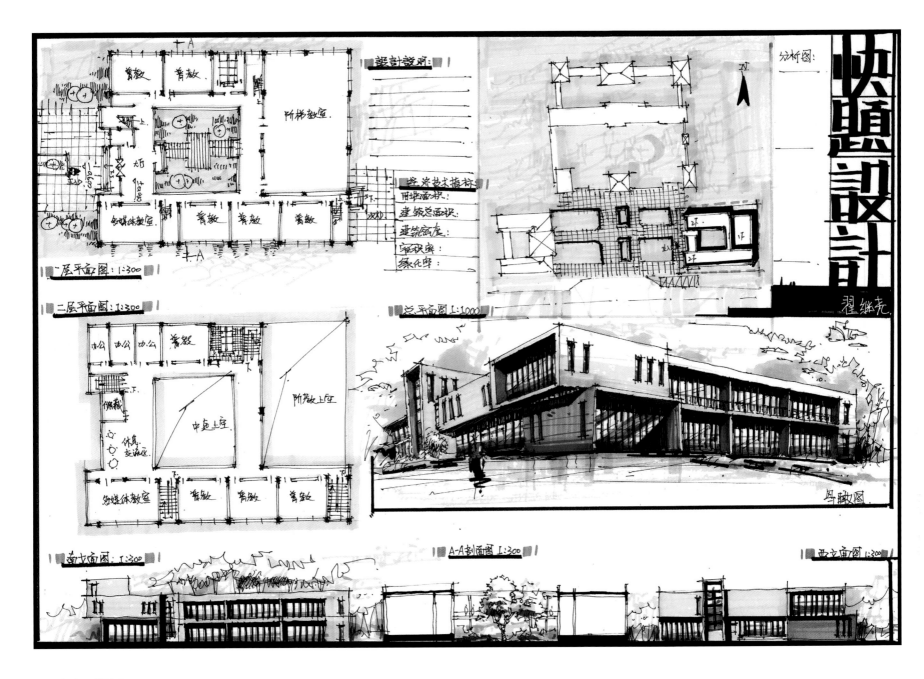

• 方案三评析

该方案的总平面图并未清晰地表达出建筑与场地使用的关系，虽然形体设计虚实结合、元素统一，但建筑性格与教学楼略有出入。平面布置不够详细，阶梯教室起坡没有表现出来。

7.17 | 杨廷宝纪念馆设计

1. 任务书

提要

杨廷宝先生是我国老一辈著名的建筑学家和建筑教育家，他的一生为中国建筑事业的发展做出了卓越的贡献。值此杨廷宝先生一百周年诞辰之际，拟在北京修建一座杨廷宝纪念馆，作为中国建筑界对杨廷宝先生的追念。

建筑用地

建筑用地位于北京近郊新、旧城区结合部，详见地形图。

设计内容

总建筑面积为2500m²±10%（不包括室外设施）。

功能组成：该纪念馆包括学术报告和会议、展览、学术研究、行政管理和辅助用房5部分，各部分面积参考如下。

①3座学术报告厅，面积分别为90m²、60m²、40m²的学术会议室各一座。

②主展览厅300m²。临时展览空间可利用走廊、休息厅布置。

③学术研究：主要提供5~6套访问学者工作室（含卧室和卫生间）。可参考公寓或旅馆套间客房设计，面积约50~60m²。

④行政管理：应包括办公室、接待室、馆长室和资料室等，面积自定。

⑤辅助用房：应包括必要的库房、卫生间、开水间等，面积自定。

应考虑室外展览和活动场地。

可视设计构思特点，增添项目，但应控制在建筑总面积之内。

设计要求

第1点，设计应重视建筑与周边环境的整体关系，考虑室外空间环境的设计。

第2点，设计应做到功能布局合理、流线清晰。

第3点，注重建筑内部氛围的营造及建筑造型的新颖性和时代性。

第4点，注意建筑的性质和名人纪念馆的个性。

图纸要求

第1点，各层平面图、立面图、剖面图比例为1:200；总平面图比例为1:500；透视图或轴测图比例自定。

第2点，图幅为二号图纸。纸质、张数不限。

第3点，表现方法不限。

第4点，图纸应附简要说明和面积指标。

2. 分析解读任务书

展览馆、纪念馆类的建筑在各大学校快题考试中最为常见。本方案为杨廷宝纪念馆设计，首先，要体现出纪念馆的建筑性格；其次，杨廷宝作为中国近代伟大的建筑师，在纪念馆的性格上也要体现出中国传统的建筑性格；最后，在场地的东北角有大片的城市绿地，考查学生对周围景观的利用。

3.　优秀快题案例评析

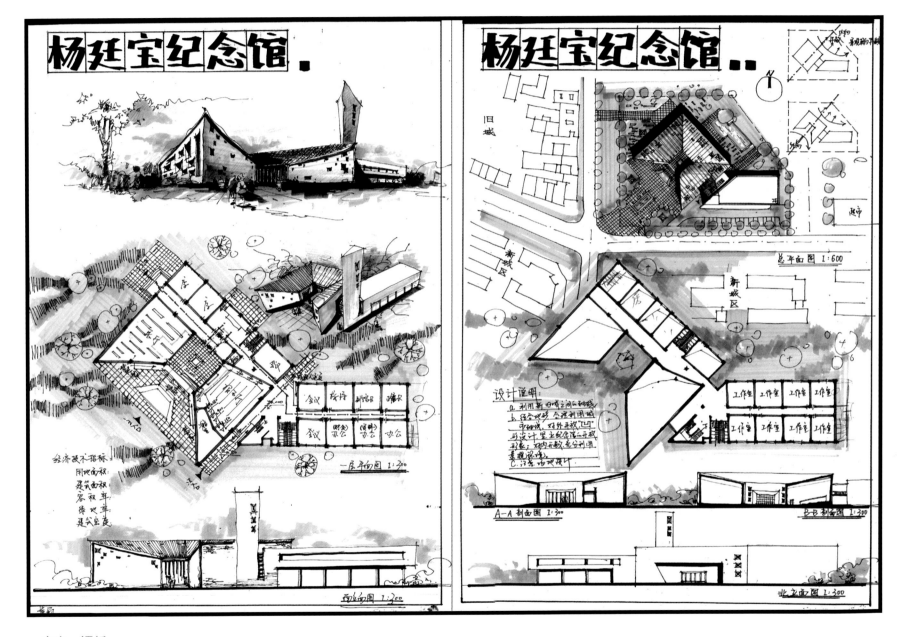

• 方案一评析

　　本方案构思巧妙，展览部分与办公部分功能分区明确，展览部分以U字形形体向路口轴线打开，与前广场形成呼应，有一种引导性和包容性，将一些尖角空间设计为交通空间，可以充分利用空间形式；斜屋顶的建筑形式体现出中国传统建筑的特点；高耸的观光塔是整个建筑的构图中心，办公部分则朴实无华；整体的图面表达清晰、制图规范、整体的色调统一，跟周围环境肌理相协调。

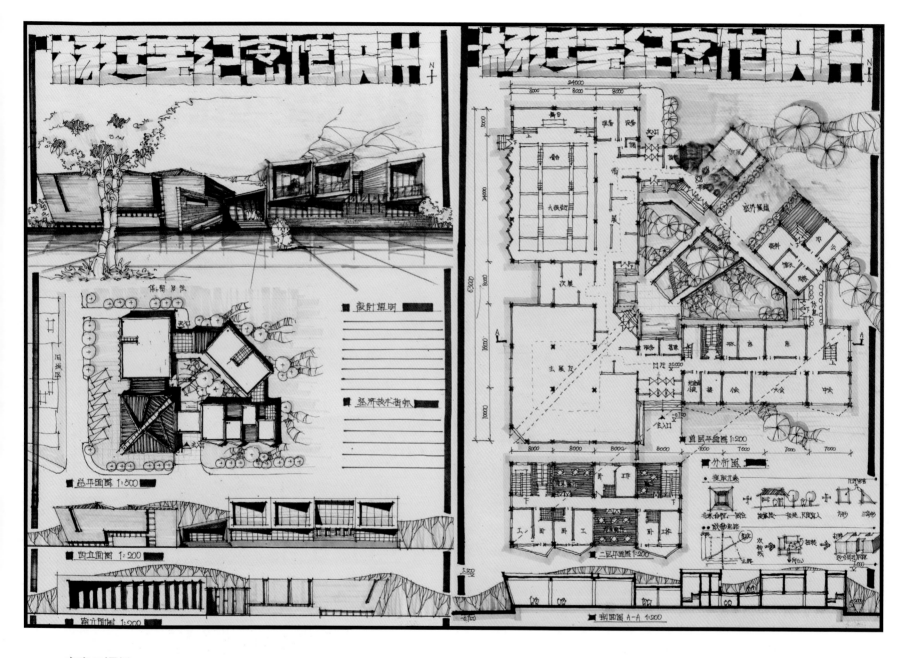

• 方案二评析

　　本方案总平面表达丰富，"回"字形的平面在景观部位进行扭转，与景观方向营造出强烈的轴线关系；二层架起，围合的庭院也是中国传统合院的手法；扬起的屋顶让整个建筑充满张力，也有中国传统坡屋顶的隐喻；功能分区明确合理，流线清晰，整体画风成熟，刻画细致深入。

7.18 ┃ 艺苑画廊设计

1. 任务书

提要

本画廊拟建于西安市某公园一角，主要服务于国内艺术家（主要为画家、雕塑家、摄影家），为其提供展览、拍卖艺术品等服务，同时也为这些艺术家提供一个交流聚会的场所。总建筑面积为700m²。

主要功能

展览空间：300m²，要求尽可能以自然采光为主，但应避免过强的光线直射展品。展览空间的房间数量、楼层、空间高度以及相互联系方式均可以由设计者决定。

拍卖厅：100m²，要求空间中不能有任何遮挡，位置和空间形式不限。

门厅、休息厅：50m²，根据方案设置，其中要求有接待台，并考虑有展览宣传资料放置的位置。

办公空间：40m²，空间形式由设计者自定。

卫生间：30m²，应设有前室。

库房：60m²，主要用于存放艺术品。

其他：根据设计者的设计可自行确定。架空层按架空部分投影的一半计算建筑面积。

设计要求

第1点，设计须符合国家的相关规范要求。

第2点，建筑高度小于24m，建筑层数、建筑结构形式和建筑材料不限。

第3点，鼓励设计者进行设计创造，设计者可以从不同角度来突出自己的设计理念和设计特点（可以从空间创造、绿色可持续、材料建构、结构建造、文化传达、光线应用等不同角度发挥自己的才能）。此项在评分中会着重考虑。

必须完成的图纸内容	比例	其他可选择完成的图纸内容（以下内容不做硬性要求，设计者可根据自己的设计和空间表达要求选择完成）
1. 总平面	1/500	1 外观效果图（透视、鸟瞰、轴测-自定）必须准确反映空间设计
2. 各层平面图	1/200	2 室内效果图
3. 平面图，1~2个	1/200	3剖面效果图
4. 剖面图，1~2个	1/200	4工作原理图
5. 设机构想	不限	5构造详图
6. 一层平面图中须标出轴线尺寸		6其他设计者认为反映其设计所需的图纸

2. 分析解读任务书

这个任务书的功能相对来说较为单一，地形也很简单，建筑用地南侧的湖水景观也应尽可能的加以利用，所以整体看来，如何处理好对"艺苑画廊"的理解和运用，做出合理的建筑形式就变得尤其重要了。

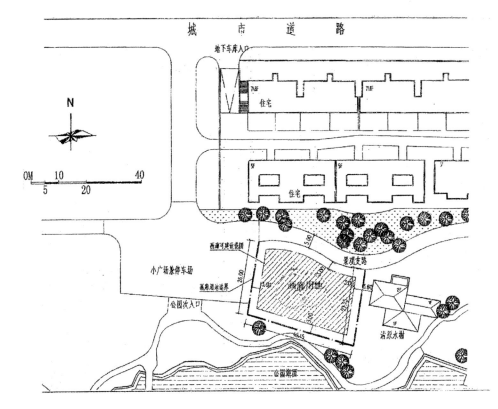

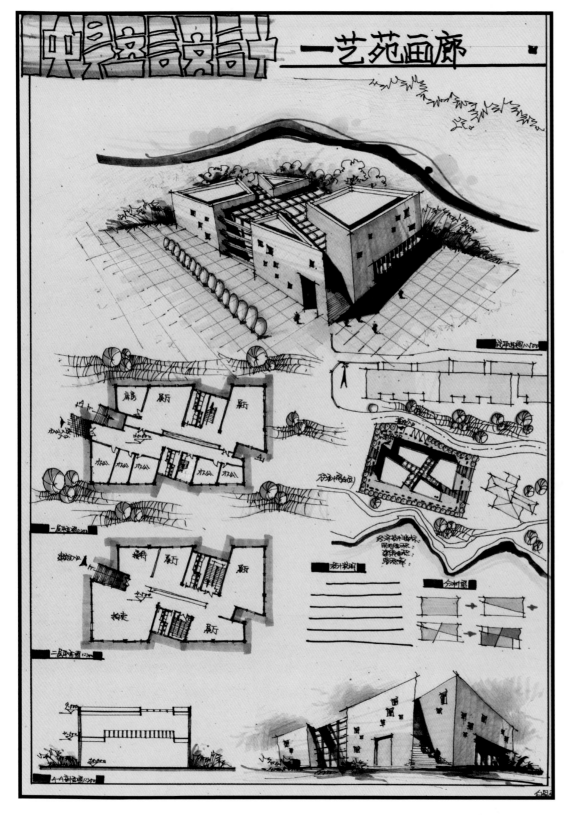

3. 优秀快题案例评析

- 方案一评析

　　总平面布局与地形结合较好、表达完善，但对水面的利用欠佳；功能合理，但若在一层展览有单独出口就会更为合理。建筑造型很有创造力，很复合艺术画廊活跃且具有雕塑感的特点，排版表现手法纯熟，剖面表达不妥。

● 方案二评析

　　本方案在矩形的基础上大做文章，庭院的穿插以及体块的消减丰富了形体关系，玻璃的运用在立面及总平面上都与建筑的主体材料木格栅形成强烈的对比；整体的色调给人以亲切舒适感，画面饱满，线条流畅，用色成熟。

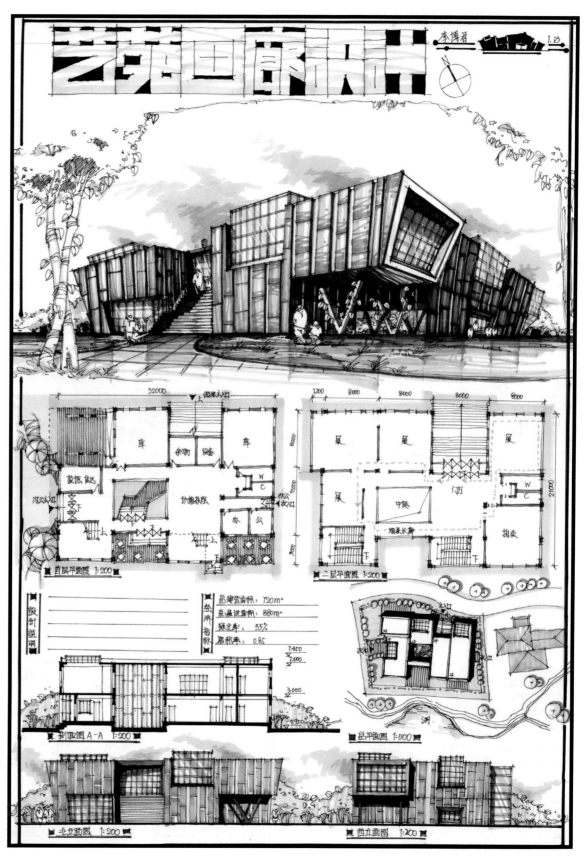

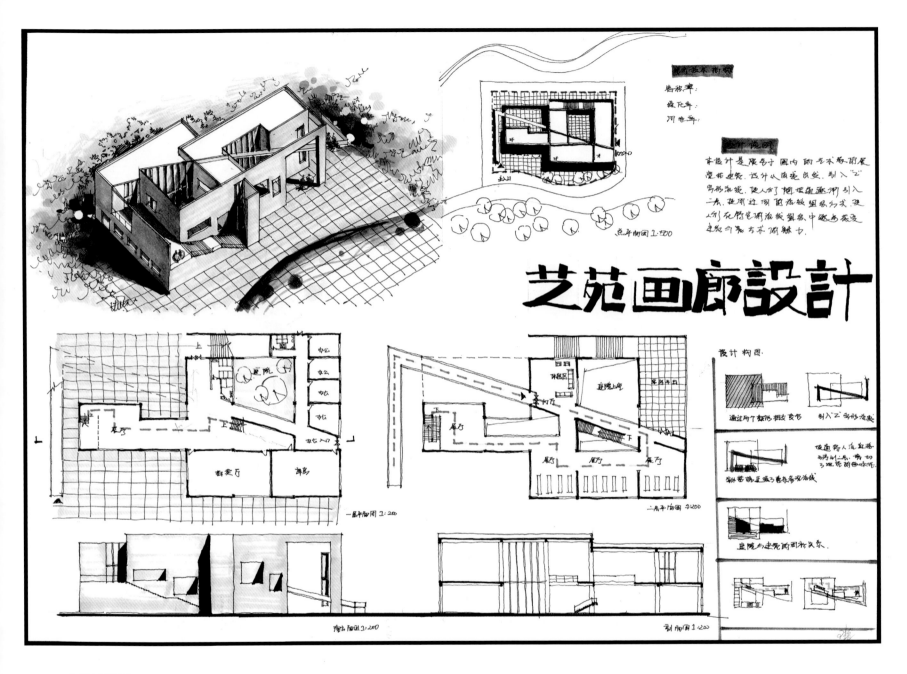

芝苑画廊設計

- 方案三评析

　　本设计运用简单的矩形体块加入一个斜向的坡道，不仅活跃了建筑整体，而且随着参观者的行进，所观赏到的景色也会随之变化；片墙的运用以及上面所开设的大小不一的洞口，不仅保持了体块的完整性，也将建筑与环境融为一体；整体版面干净整洁，但平面与立面的环境布置和开窗等都趋于简化了。

7.19 | 影剧院设计

1. 任务书

设计任务

为丰富人们的文化生活，促进精神文明建设，满足广大群众对观看影视戏剧的需求，适应市场经济建设的发展，某市拟兴建一座影剧院，观众厅容量为1000~1200座。

学习目的与需求

第1点，树立正确的设计思想，掌握正确的设计方法。

第2点，掌握视线的设计与计算，以及观众厅座位席的视线质量分析。

第3点，了解厅堂建筑的声学设计内容与方法。

第4点，了解观演建筑的安全疏散及通风空调要求。

第5点，了解舞台、后台、灯光、放映等要求。

第6点，了解影剧院建筑的空间组合与结构造型规律。

第7点，掌握综合处理建筑与各有关工种（结构、声学、空调等）配合的能力。

第8点，提高绘图和建筑画的表现能力。

房间组成及面积

总建筑面积不超过3500m²。

建筑高度不超过24m。

设计内容及面积要求：观众厅1000m²左右；舞台（基本台）台口宽10~14m、台口高6~8m，台深12~14m、台宽20~24m、台高（包括舞台、格栅以上空间）18m；侧台台宽6m、台深8~12m、台高8~18m；乐池宽度4.5m；后台部分男演员化妆室60~70m²、女演员化妆室60~70m²、男女厕所20~30m²、主要演员化妆2×15m²（附单独厕所）、演员服装室2×24 m²、道具室20 m²、候演室兼演员休息室35m²、抢妆室25m²、舞台技术用房100m²、排练房80m²；放映室（可容纳3部放映机，一部幻灯机）中的倒片室15m²、整流室15m²、休息室（附厕所）15m²；售票室15~20m²；办公室4×20m²；美工室40m²；男女厕所80m²；贵宾接待室（含单独厕所）40m²；冷冻及空调机房100m²；锅炉房80m²；配电房40m²；门厅、休息厅、走廊、过厅、楼梯等共约1300m²。

图纸要求

平、立、剖面图：总平面：1:1000（要求外部环境设计）；各层平面：1:300（要求内部家具布置）；3个立面：1:300；2个剖面：1:300。

建筑表现图。

观众厅地面坡度计算图（CAD）。

观众厅音质分析图。

其他分析图：功能关系、功能模块结构模型。

主要技术经济指标（不可或缺）。

座位总数。

总占地面积；每座占地面积。

总建筑面积；每座建筑面积。

观众厅面积；每座面积。

观众厅体积；每座体积。

前厅面积；每座面积。

台面积；每座面积。

最远视距。

台口高及台深。

水平控制角。

水平视角。

垂直视角。

放映角。

银幕倾角。

视点位置。

最佳面光、耳光位置及投射角度。

（以上各项应在图中表示）

C值。

座位分析。

声线。

视线（以上各项根据需要而定）。

进度安排

第1周，布置任务书、讲课、参观，查阅资料。

第2周，总平面设计、方案构思。

第3周，单体平、立、剖面图初步设计。

第4周，深入设计，修改讨论，各参数计算。

第5周，修改方案，绘制平、立、剖面图及透视草图。

第6周，综合调整，完成正式草图。

第7周，上版，交图。

参考书目

《现代剧场设计》西安建筑科技大学 刘振亚 主编

《建筑设计作业（下）》同济大学建筑系

建筑学报有关文章

建筑设计资料集（4）

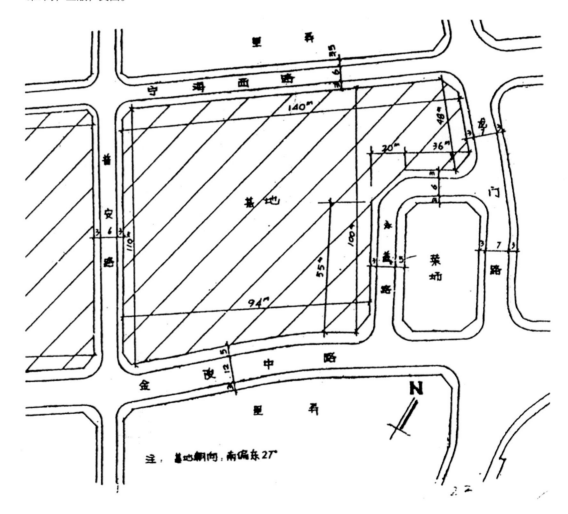

2. 分析解读任务书

影剧院设计相对来说较为复杂，所以在快题考试中较为少见，即使出现类似的题目只要处理好两方面的问题即可：第一是观众厅的大空间与附属的小空间之间的相互关系，以及在建筑体量上体现；第二便是大跨建筑内的结构，即建筑剖面的画法。

3.优秀快题案例评析

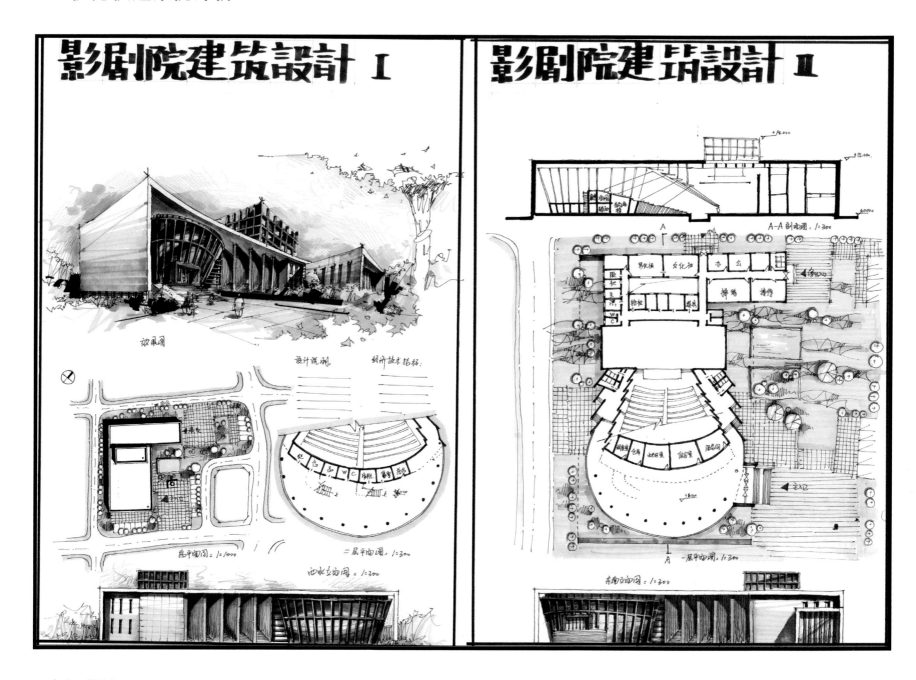

• 方案一评析

　　该方案采用实板包裹内部零散的功能空间的设计方法，产生强烈的虚实对比与光影关系。不足之处为设计元素使用过多，使整体看上去不统一。

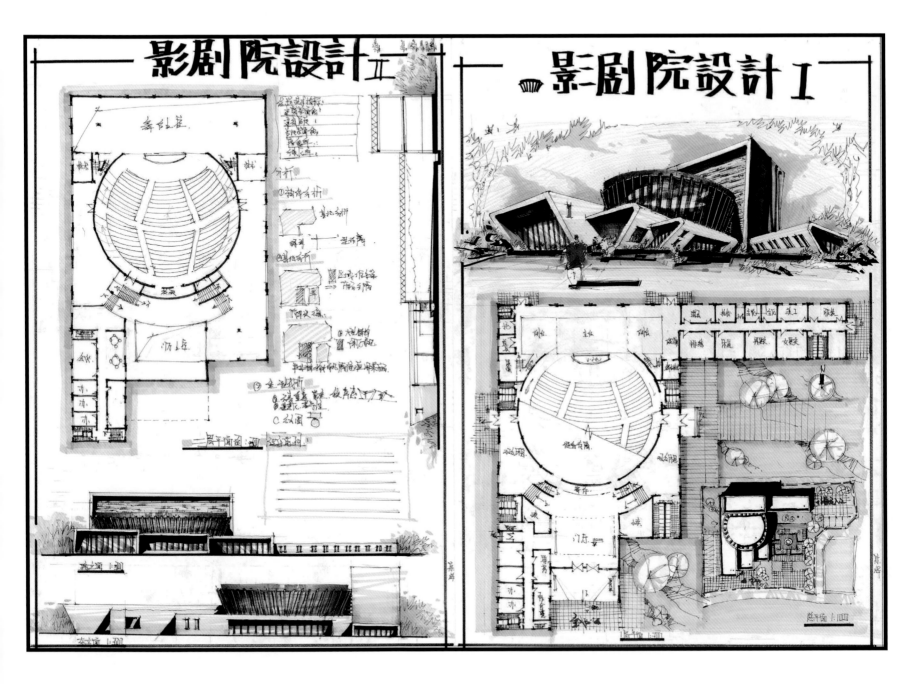

• 方案二评析

　　该方案场地设计中考虑了入口前广场的处理，为总平面图的亮点。建筑形体结合剧场的功能部分做了拔高与材质的替换，倒锥玻璃体符合剧院的建筑性格，同时增强了标志性，辅助功能部分采用折板的设计形式现代感十足。

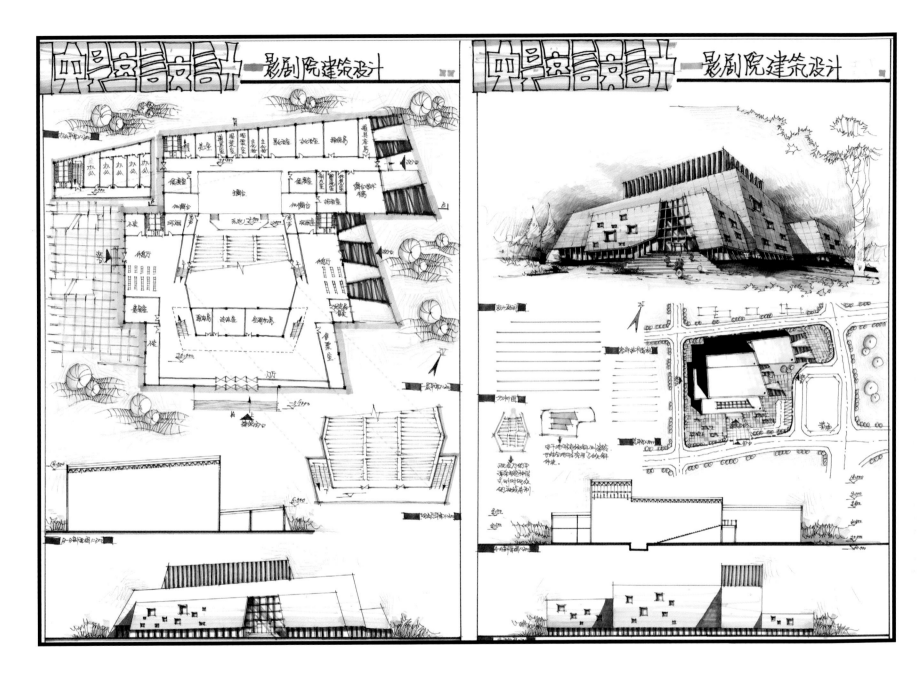

- **方案三评析**

　　该方案图面表达丰富抢眼，形体设计采用棱锥体形式凸显了民俗意蕴，虚实关系处理得当，入口提示性极强，结合剧场功能的高起部分也极具标志性；美中不足的是建筑东侧倾斜的处理在透视图中并未表达明确，材质变化和剧场高起部分总平面图中也没有表达。

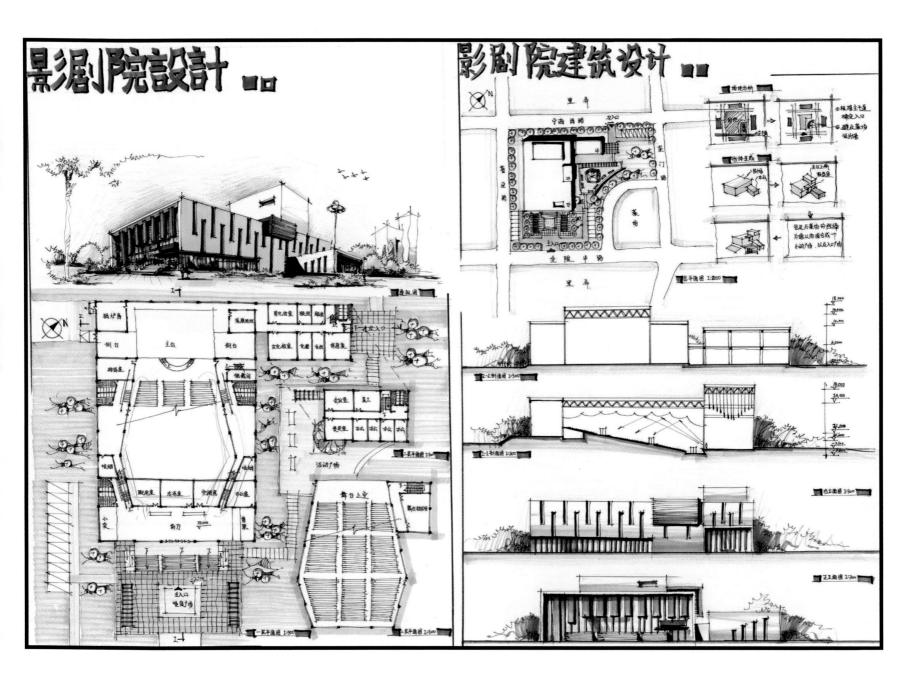

• 方案四评析

　　该方案建筑性格明确，在图面上可以清楚辨别出大跨的建筑性格以及建筑内部大空间与小空间的相互关系；建筑立面元素风格统一，造型简洁整体，用暖色调突出公共建筑的亲和力，简单的木色材质以及竖向线条增加了建筑的活跃感。

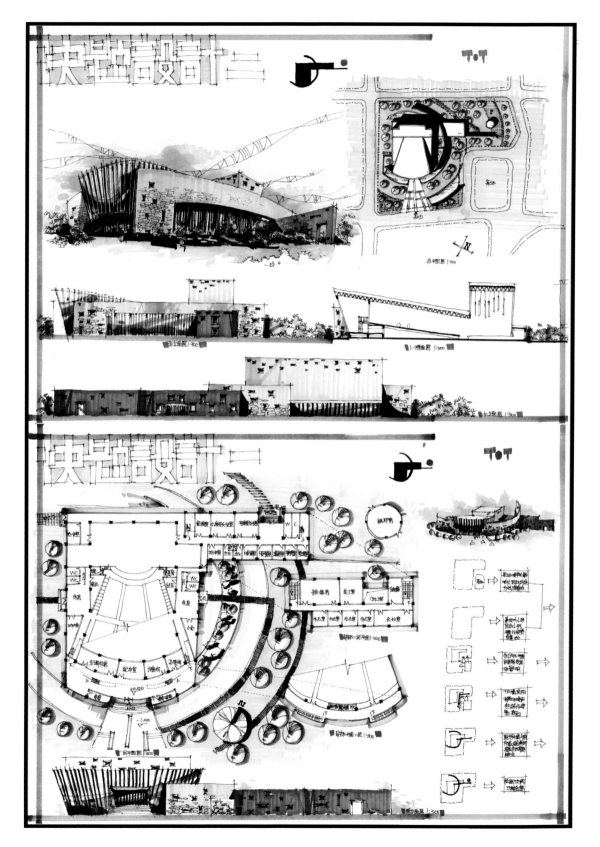

• 方案五评析

　　该方案场地设计能够对综合建筑形式和水环境等多个方面进行考虑，平面功能分区合理；形体中主要采用地方砖石与玻璃幕墙的对比以及无规则开小型窗洞的设计，凸显了民俗特色性，片墙的设计也是突出了标志性意义；需要注意的是在日后的方案设计中应尽量规避锐角空间。

7.20 | 幼儿园设计

1. 任务书

设计任务

拟在某城市一居住小区内新建一所6个班规模的幼儿园，以满足区内幼儿入学需求。用地地势平坦，具体地形见附图。

设计要求

第1点，总平面应解决好功能分区，安排好出入口、停车场、道路、绿化、操场等关系。

第2点，建筑层数宜为1~2层；活动室应有适宜的形状、比例及自然采光、通风；平面组合应功能分区明确，联系方便，便于疏散。

第3点，建筑应对空间进行整体处理以求结构合理，构思新颖，解决好功能与形式之间的关系，处理好空间之间的过渡与统一，创造适合幼儿性格、成长的特色空间。

技术指标

总建筑面积控制在1500m²内（按轴线计算，上下浮动不超过5%）。

面积分配如下所示（以下指标均为使用面积）。

A.生活用房

活动室：50~60m²/班。

寝室：50~60m²/班。

卫生间：15m²/班。

衣帽储藏间：9m²/班。

室外活动场地：50~60m²/班。

音体活动室：90~120m²。

B.服务用房

医务保健室：10m²。　　隔离室：8m²。

晨检室：10m²。　　办公室：12m²×2个。

资料及会议室：15m²。　　传达及值班室：12m²。

教职员工厕所：12m²。　　储藏间：10m²。

C.供应用房

厨房主副食加工间：30m²　主食库：10m²。

副食库：15m²。　　冷藏间：4m²。

配餐间：10m²。

消毒间：8m²。

洗衣间：18m²。

图纸要求

图幅统一采用A2（594×420）。

图线粗细有别，运用合理；文字与数字书写工整。

宜采用手工工具作图，彩色渲染。

透视图表现手法不拘。

地形图（用地条件说明）

该用地位于某小区中心位置。

该用地西面为小区会馆。东面为小区中心绿地。南面北面均为住宅楼。

东侧、北侧为6m宽小区次干道。南面为12m宽小区主干道。

图纸内容

总平面图：1:500。

平面图（各层平面）：1:200。

立面图（2个）：1:200。

剖面图（1个）：1:200。

透视图表现方式不限。

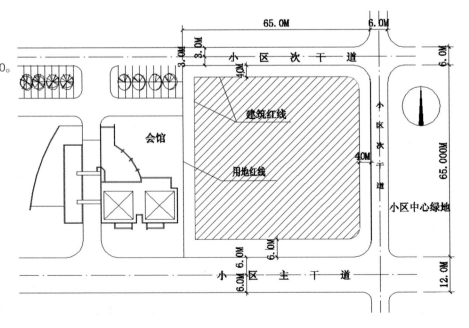

2. 分析解读任务书

　　幼儿园设计主要考查设计中对儿童这一特殊人群的认知以及相关的规范问题，在建筑中要在色彩或者形体等建筑性格方面充分体现儿童的特征；在平面的功能流线上处理好活动室和寝室的相互关系以及主体空间和附属空间的相互关系，流线上避免相互干扰。

3. 优秀快题案例评析

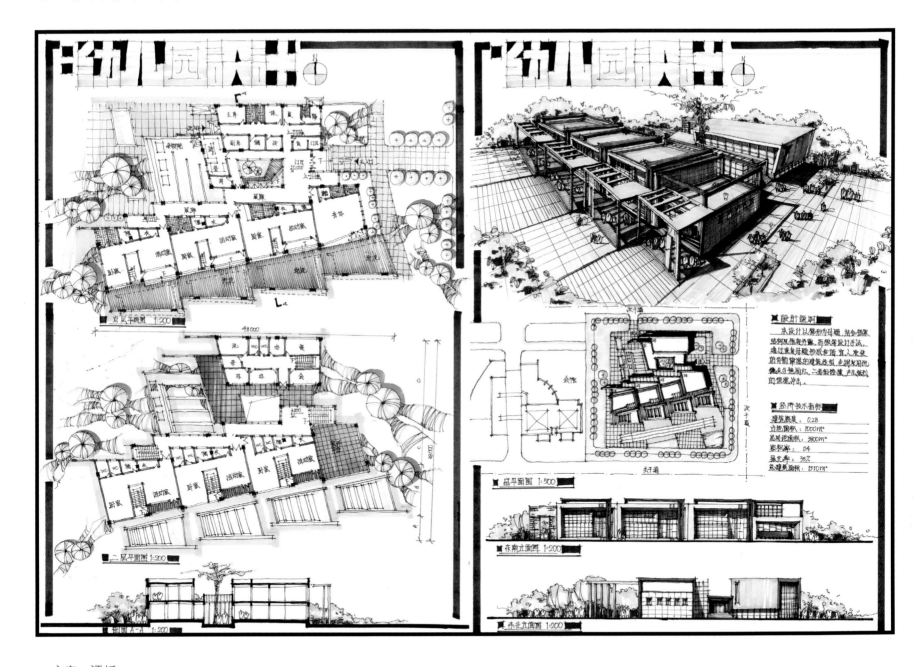

• 方案一评析

　　此方案总平面图场地刻画细致，运用红色框架和折板构件强化了核心功能的主体地位，构成感较强；考虑到活动室和卧室对采光的需要，将核心功能空间旋转了一定角度，使其面向东南，同时又带来了形体上的丰富性与趣味性；整体构图丰富饱满、色调统一和谐、建筑刻画细致深入。

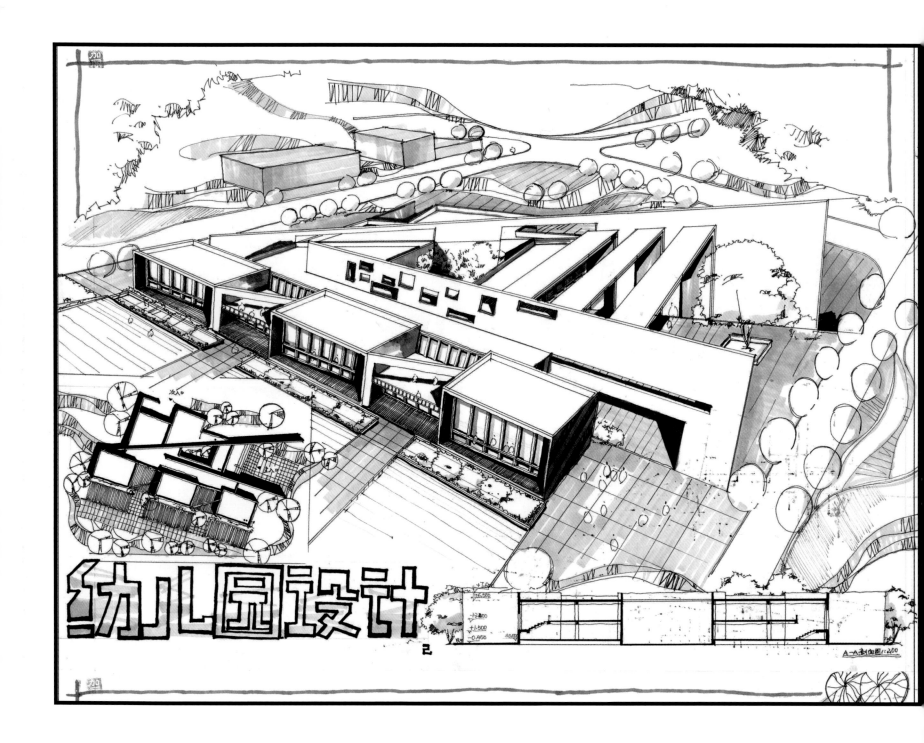

幼儿园设计

A-A剖面图1:200

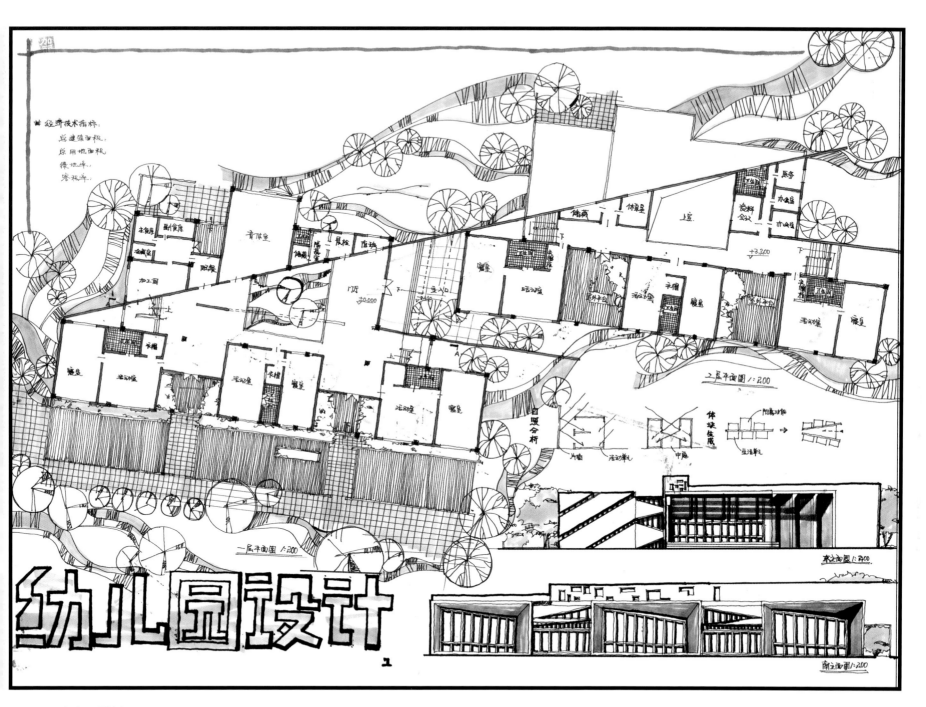

• 方案二评析

　　该方案用单色表达整体图面统一完整，画风成熟；通过一个斜向的片墙横穿整个建筑不禁让人联想到安腾的光之教堂，构成感、形式感十足，但并未从实质上带来室内空间的变化，过于从形式上出发是该构思设计的一大不足。

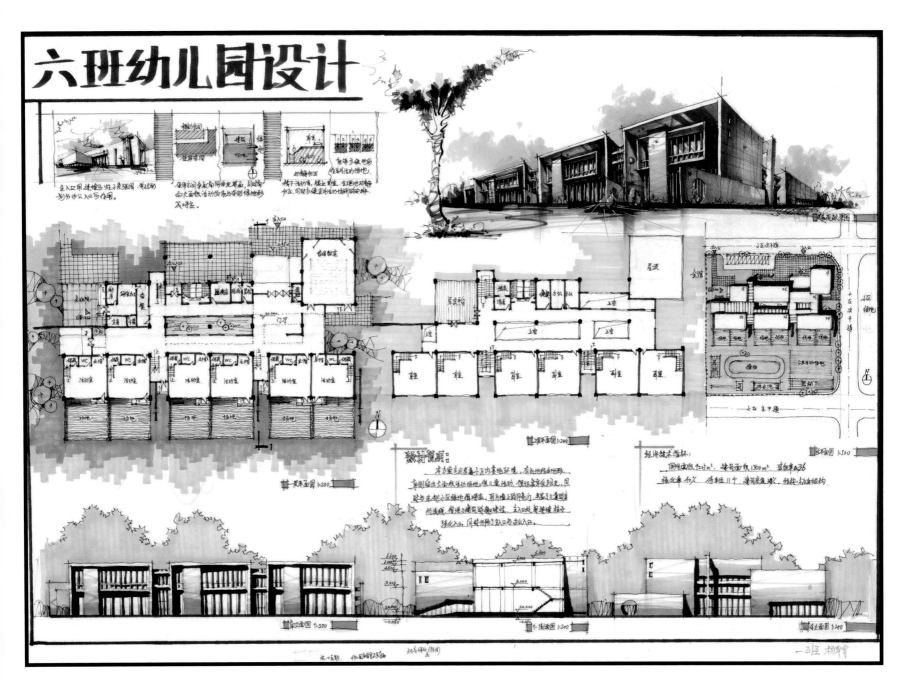

• 方案三评析

　　该方案设计秩序感强，将幼儿园的主体活动室突出表现，灰色墙体前布置的木色遮板增加了整个建筑的亲和力；线条干练，用色整体，可以看出该生深厚的手绘功底。

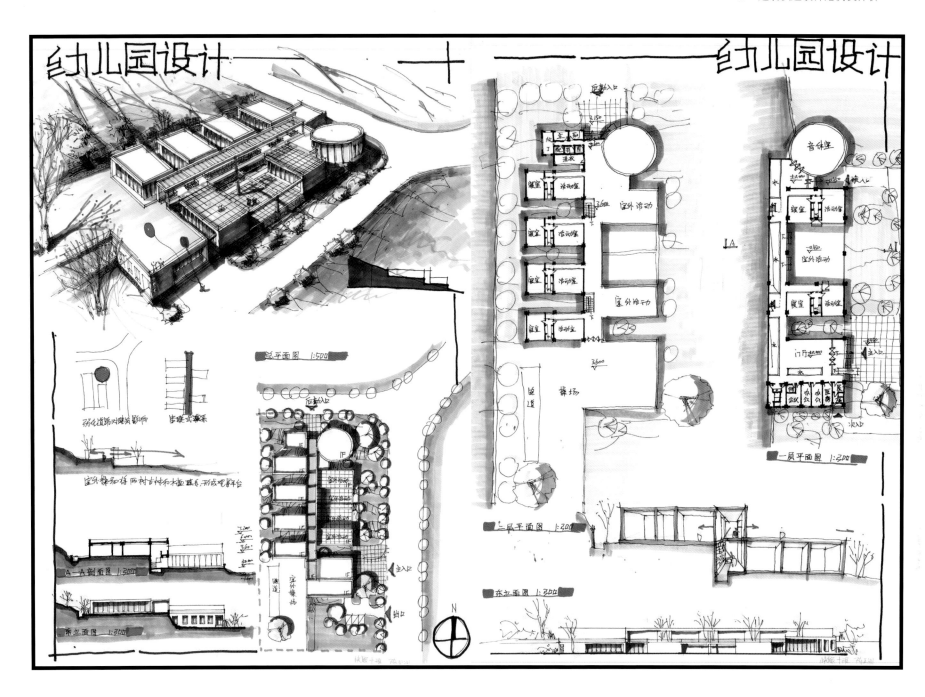

- 方案四评析

　　该方案设计视角独特，将活动室整体竖向布置，适合南北较长的场地环境，但是竖向布置要解决的一个关键性问题，即室外活动场的日照问题，要么将建筑间距扩大，空出日照条件不足的场地，要么利用建筑屋顶平台。

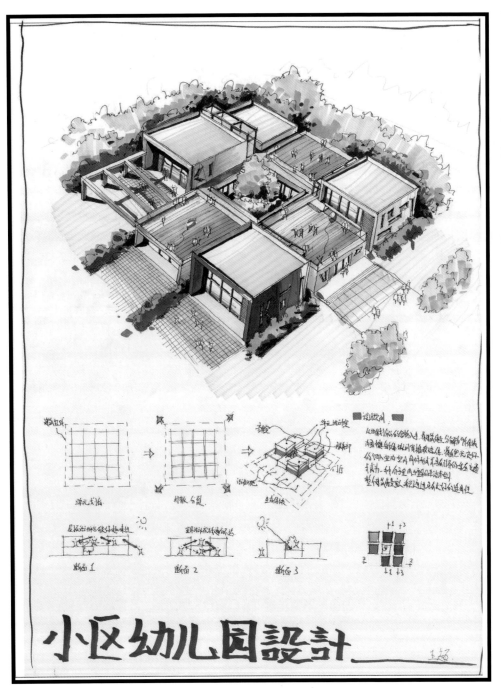

小区幼儿园設計

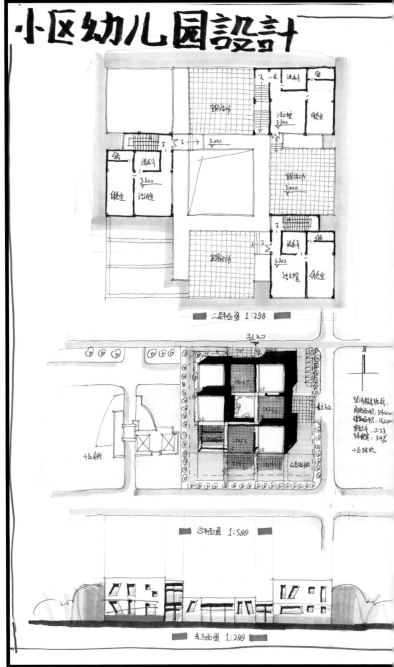

小区幼儿园設計

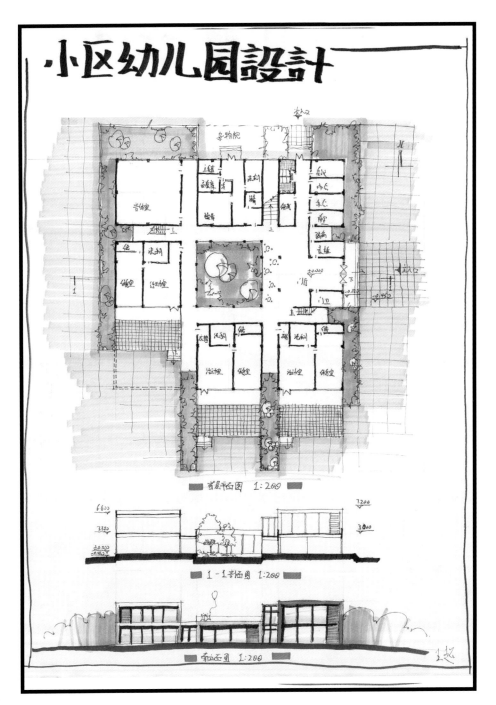

小区幼儿园设计

普层平面图 1:200

1-1剖面图 1:200

南立面图 1:200

• 方案五评析

　　该方案采用九宫格的均等划分，虚实结合，运用对比的手法组织形体关系。但不足之处是为了构思的需要，平面图中不得不出现许多黑房间，即使将中间的格子作为庭院来处理，采光问题也难以解决。希望考生参考斋普尔市博物馆中九宫格的处理手法，在变化与微差中使建筑活化。

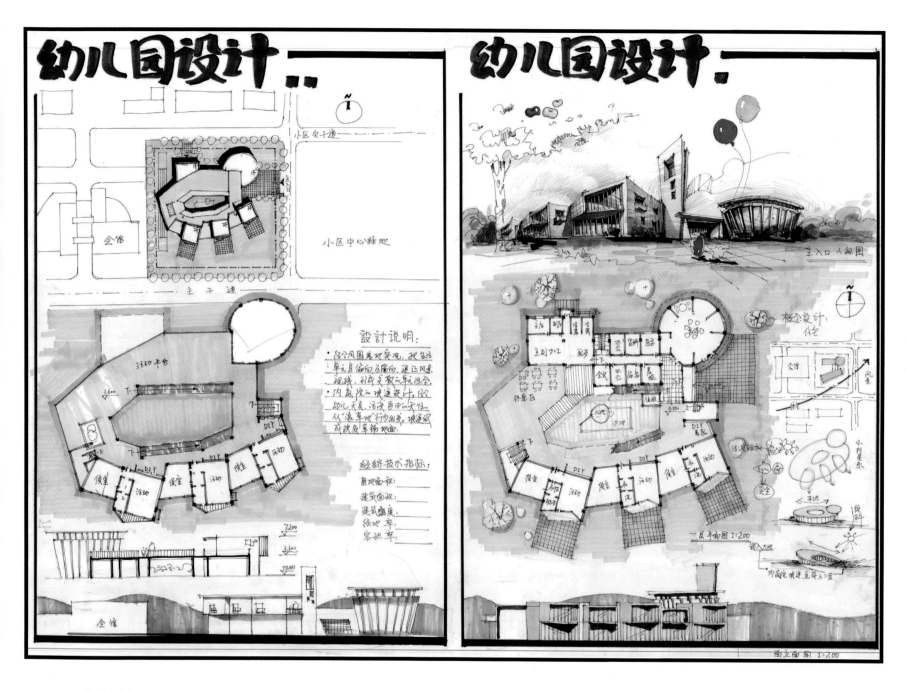

- 方案六评析

　　该方案从总平面上能够明确地区分主要功能空间和附属功能空间，但对室外场地道路绿化的刻画不够深入；平面功能流线较为合理，但对活动单元的扭转和场地的划分缺少逻辑性和形式美感，透视图虽刻画深入却看不到建筑整体的形态特征。

7.21 | 中国画美术馆设计

1. 任务书

项目背景

某中国著名画家遗留一批宝贵画作及方法，并且有相当多的收藏名品，为此，在一风景区内拟建小型美术馆一座，总建筑面积控制在2000m²内。在所给地形图内自选建筑用地（地形见附图）。

设计内容

生平介绍厅：100m²。

国画展厅：600m²。

书房展厅：300m²。

藏品展厅：300m²。

收藏间：50m²。

修复、裱画、照相、复制等共80m²。

画室若干：共80m²。

会议室：40m²。

接待室：40m²。

其他（前厅、休息室、小卖部、卫生间等）150m²（如设亭、廊，面积不计）。

完成图纸（另附简要说明）

总平面图：1:500。

各层平面图：1:200。

立面图（2个）：1:200。

剖面图（1~2个）：1:200。

透视图（表现方法不限）。

得分分配

功能：30分。

技术：20分。

造型：25分。

表现：25分。

注：未完成要求的图纸及说明一律不及格。

2. 分析解读任务书

此任务书的考点主要有以下4点。

第1点，总体建筑应体现出"中国画""中国风"以及中国传统建筑的精髓。

第2点，新建建筑需良好的与基地内南边的水面产生对话。

第3点，展览性建筑空间特性需清晰明确地展示出来，同时，建筑性格应符合美术馆的空间特质。

第4点，组织好人流、车流路线，避免两者交叉影响。

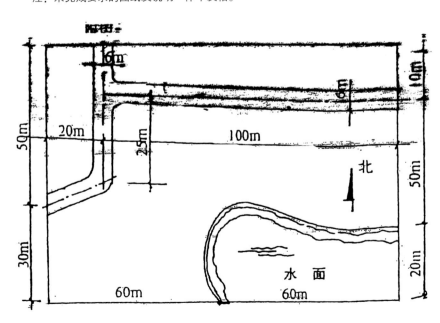

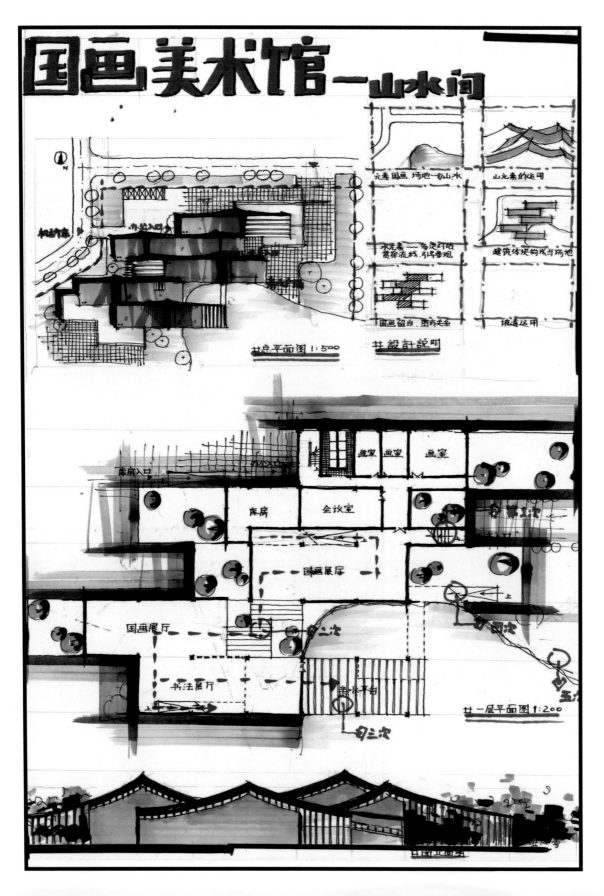

3. 优秀快题案例评析

- 方案一评析

　　本方案建筑采用化整为零的手法营造亲切、丰富的室内外环境，同时将建筑部分架在水面之上，与水面产生直接对话。建筑内部流线清晰，展览部分的线性空间布置得恰当合理。建筑造型上，"同构"母题的重复，体现了秩序感，单坡屋顶也是对传统建筑的呼应。白墙、灰瓦、断裂的玻璃缝隙，营造出了展览馆所必备的绝佳气质。不足之处是制图不够规范，坡道需仔细计算。

• 方案二评析

　　本方案建筑顺应水面形状完成，与水面联系较为紧密。展览部分采用"母题重复"的形式突出整体建筑，轴线的贯穿产生丰富的图底关系。建筑造型采用白墙、灰瓦的意向体现中国传统建筑的精髓，厚重、夸张的建筑造型符合美术馆的建筑性格。不足之处是透视图的表达与平面图略有出处。

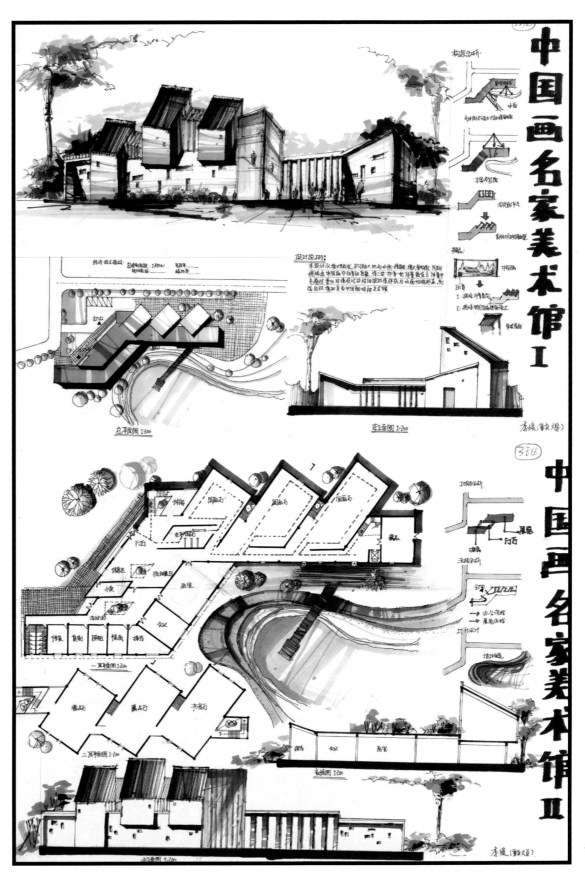

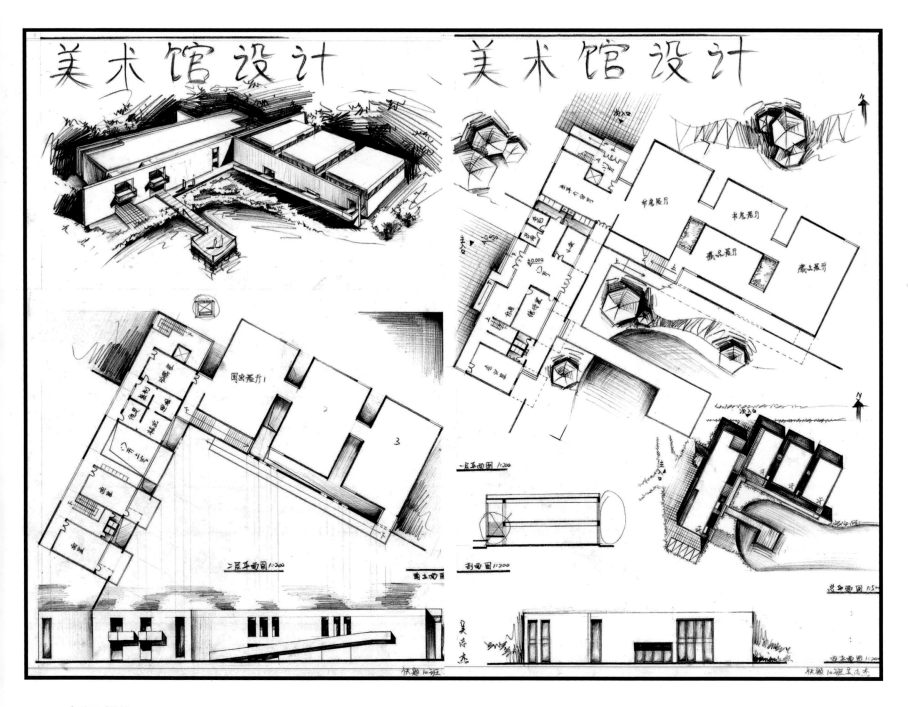

- 方案三评析

　　本方案平面功能布置较扎实，制图规范良好。铅笔表现较有冲击力，图面完整。建筑通过两个片墙把附属空间和展览空间统一串联起来，运用出挑阳台的手法打破建筑的规整形体，产生更多的视线交流和空间感受，亲水平台的设置等细节体现了作者扎实的基本功，既呼应了环境也体现了美术馆建筑的特质。